U0532753

一生必去的
世界遗产

走进美洲

**Das Erbe
Der Welt**

Kunth Verlag Editorial Team

Amerika

[德]坤特出版社 编
林琳 何凤仪 王和 译

金城出版社
GOLD WALL PRESS

西苑出版社
XIYUAN PUBLISHING HOUSE

中国·北京

壮观的黄石河瀑布高达94米,是黄石国家公园中最高的瀑布,其落差几乎是尼亚加拉大瀑布的两倍。这些瀑布的存在也是当年设立世界上首个国家公园——黄石国家公园的原因之一。

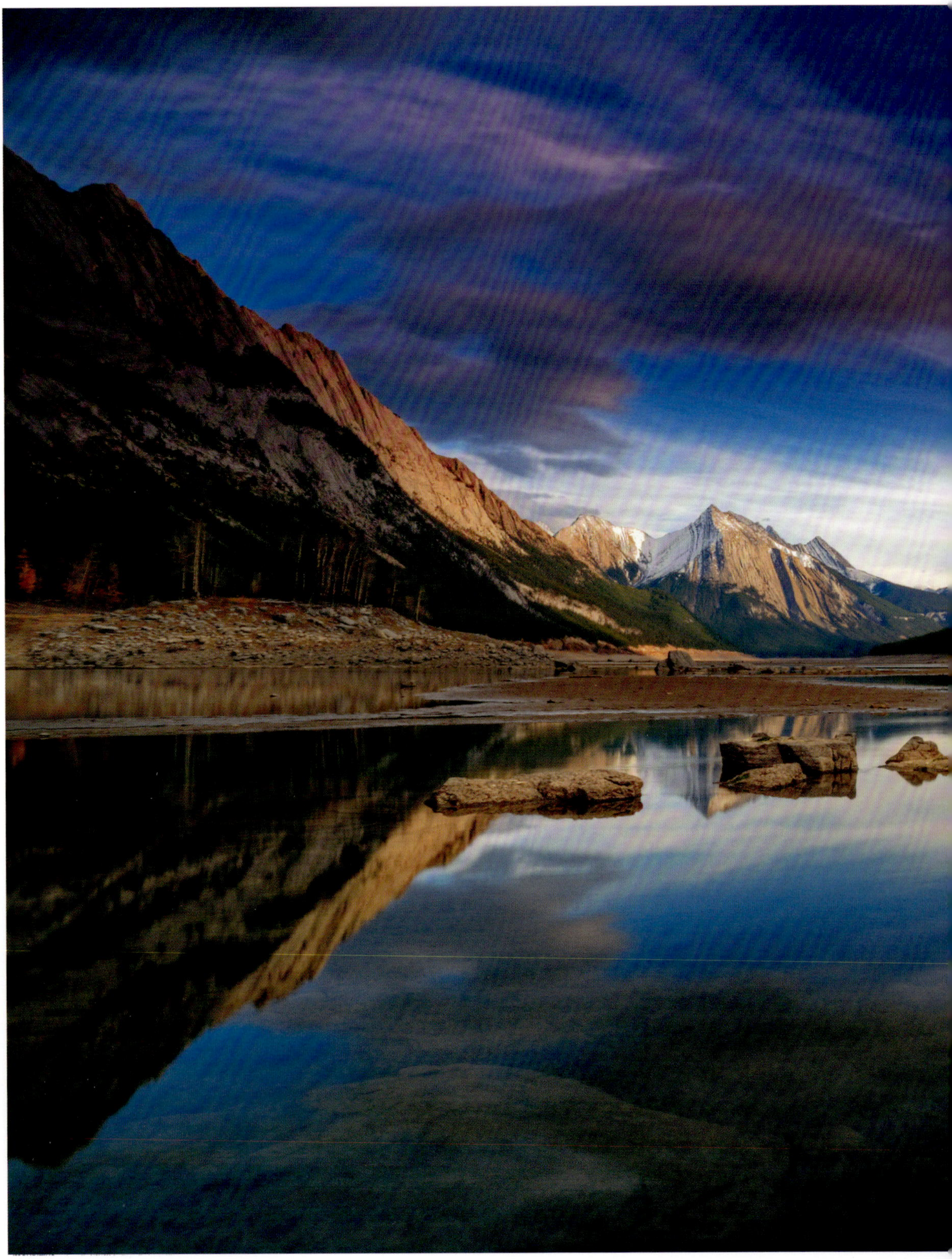

风景如画的加拿大：位于落基山脉的贾斯珀国家公园是北美洲最受欢迎的旅游胜地之一。马林河在其尽头自然堰塞而形成巫药湖，水流从一处巨大的地下裂口中排出。

西恩富戈斯市是古巴最美丽的城市之一，拥有保存完好的老城区、造型优雅的新古典主义城市别墅，还有托马斯·特里剧院和风景优美的蓬塔戈尔达区。图为从圣母无原罪大教堂（该教堂于1833年落成）的钟楼上拍摄到的风景。

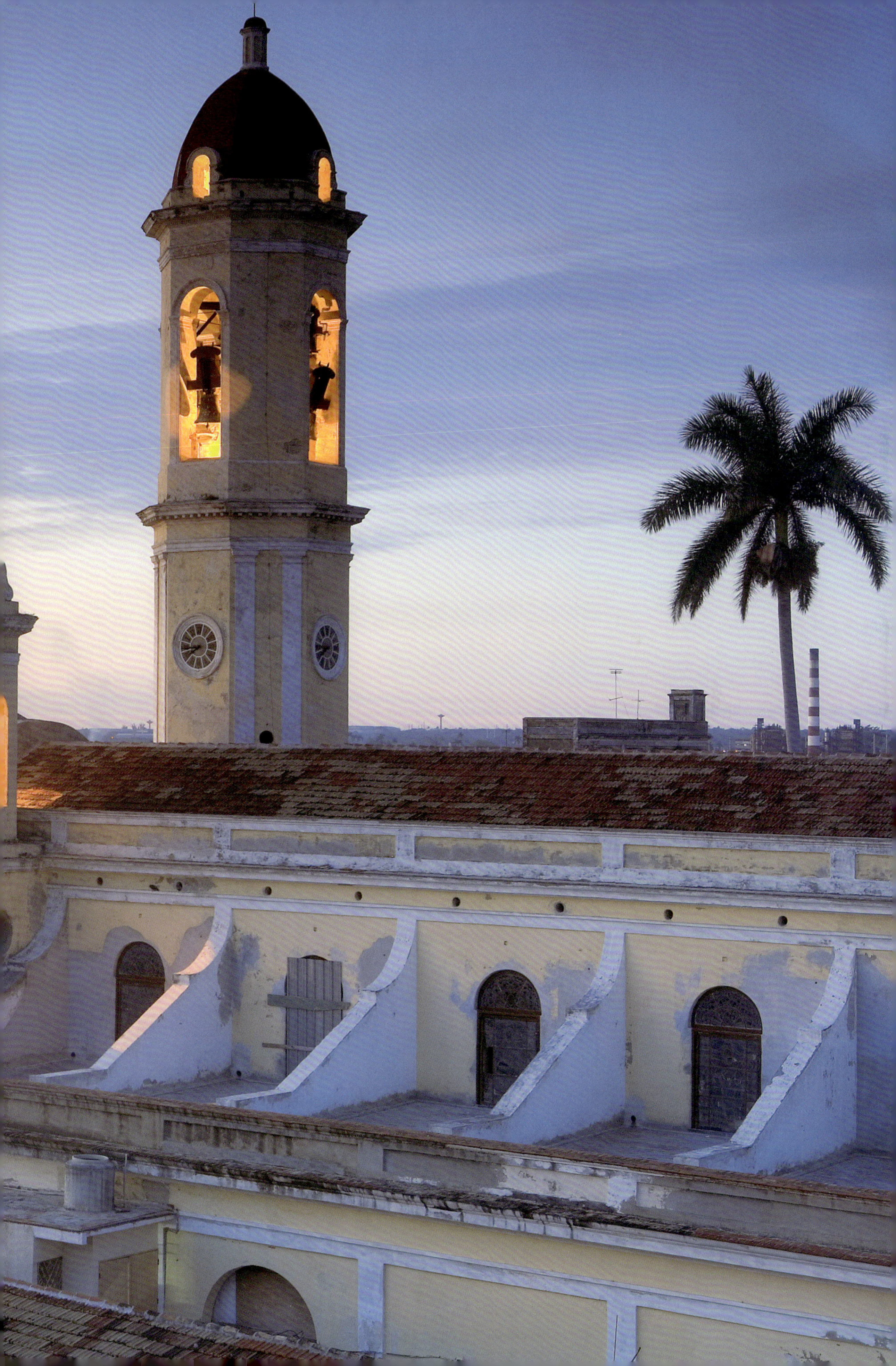

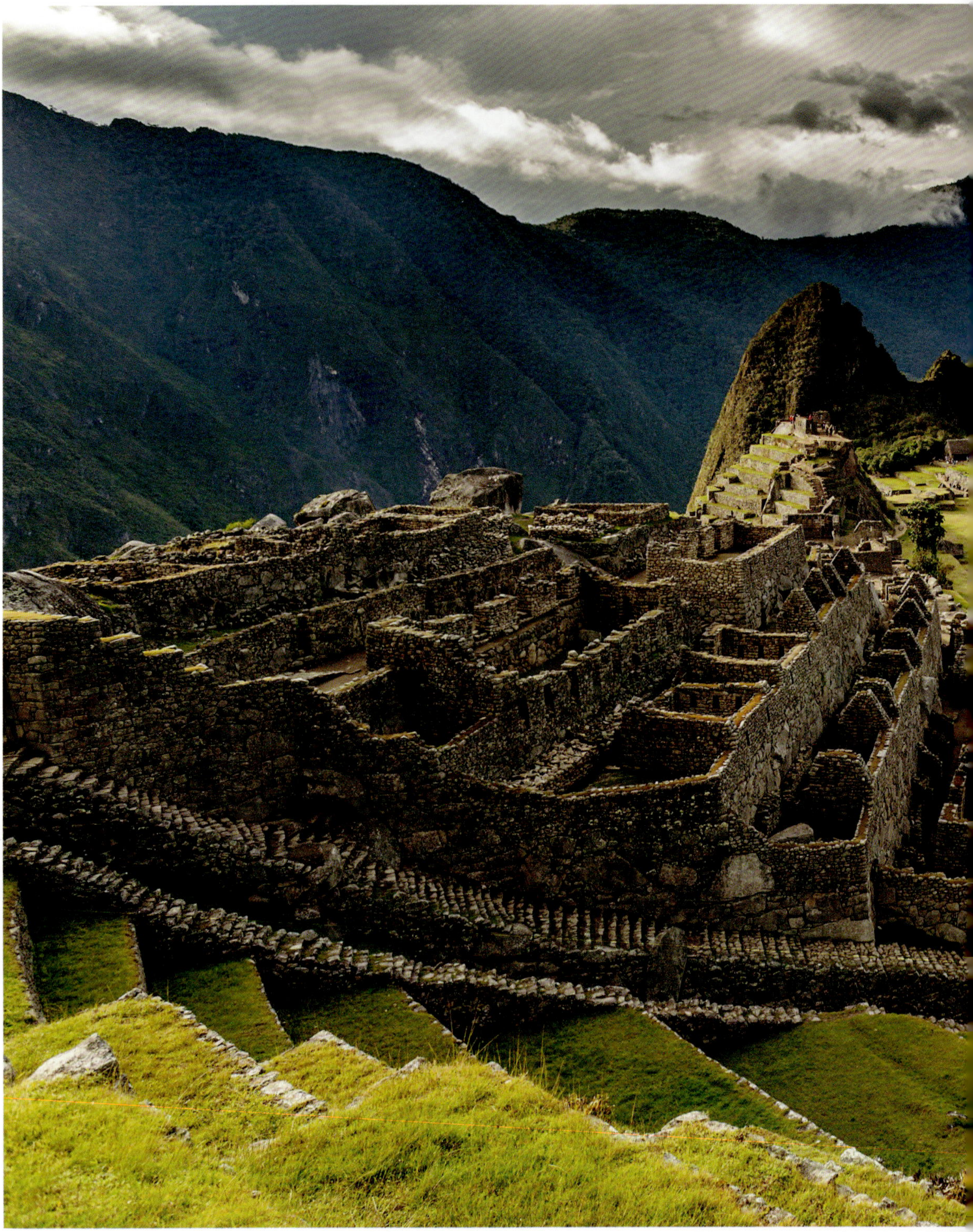

坐落在秘鲁高原山峦之中的"遗忘之城"——马丘比丘，是将建筑巧妙地融于周围自然环境的最精彩的范例之一。

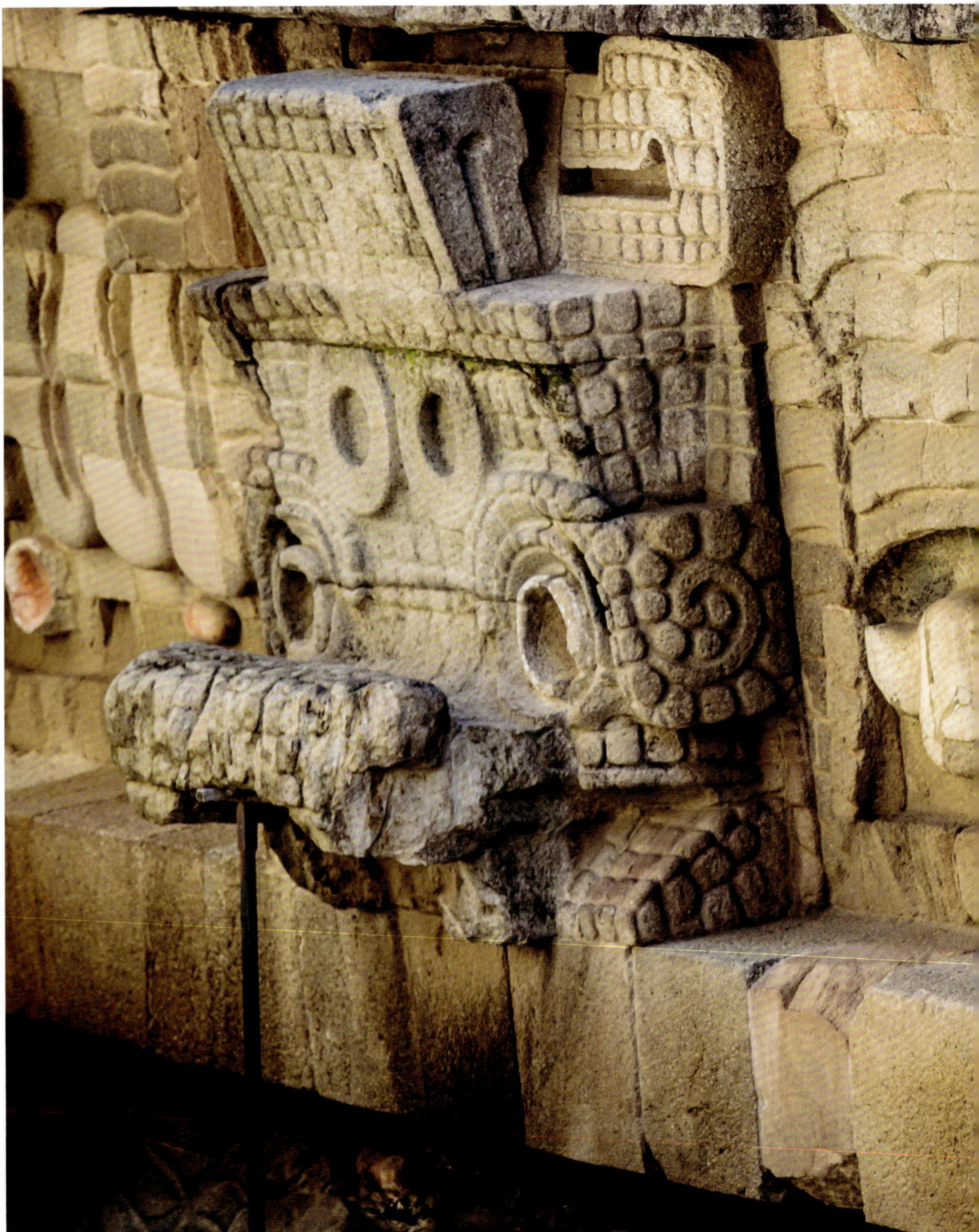

特奥蒂瓦坎遗址坐落在墨西哥中央高原上，拥有雄伟的金字塔。在特诺奇蒂特兰城建成之前，这里一直是西半球最大的城市。图为羽蛇神庙。

早在 1972 年，总部位于巴黎且拥有 195 个成员国的联合国教育、科学及文化组织（以下简称"联合国教科文组织"）就通过了一项《保护世界文化和自然遗产公约》（以下简称《公约》）。在许多地方的生态环境面临危险、极其重要的历史见证几近消失的今天，保护这些"具有突出和普遍价值的文化和自然遗产"，比以往任何时候都更加迫在眉睫——从《公约》通过的那时起，这一遗产名录年年都在扩展。在"一生必去的世界遗产"系列书中，我们将为您介绍被列为世界遗产的上千处历史古迹与自然名胜。从里加老城到格拉纳达阿尔汉布拉宫，再到横跨三国的瓦登海自然保护区；从中国长城到埃及金字塔；从美国大峡谷到非洲维多利亚瀑布……本系列收录的

一生必去的
世界遗产
―― 系列 ――

世界遗产按照大洲和国家的顺序进行排列,在同一区域中,则按照由北至南的顺序排列。我们还配有关于文化历史与自然地理主题的短文,使得这些全方位的介绍信息更加充分、翔实。

▼ 18 世纪,耶稣会士们在玻利维亚建立了许多传教村。村子的中心是用木头搭建的教堂。康塞普西翁的教堂有一个马鞍形的屋顶,教堂中有 3 间内殿,通过木质立柱相互隔开。

加拿大魁北克市的芳堤娜城堡总让人想起童话古堡，它与城内其他建筑一起形成了一道迷人的天际线，让这座城市的剪影在北美洲众多现代化大都市中显得别具一格。

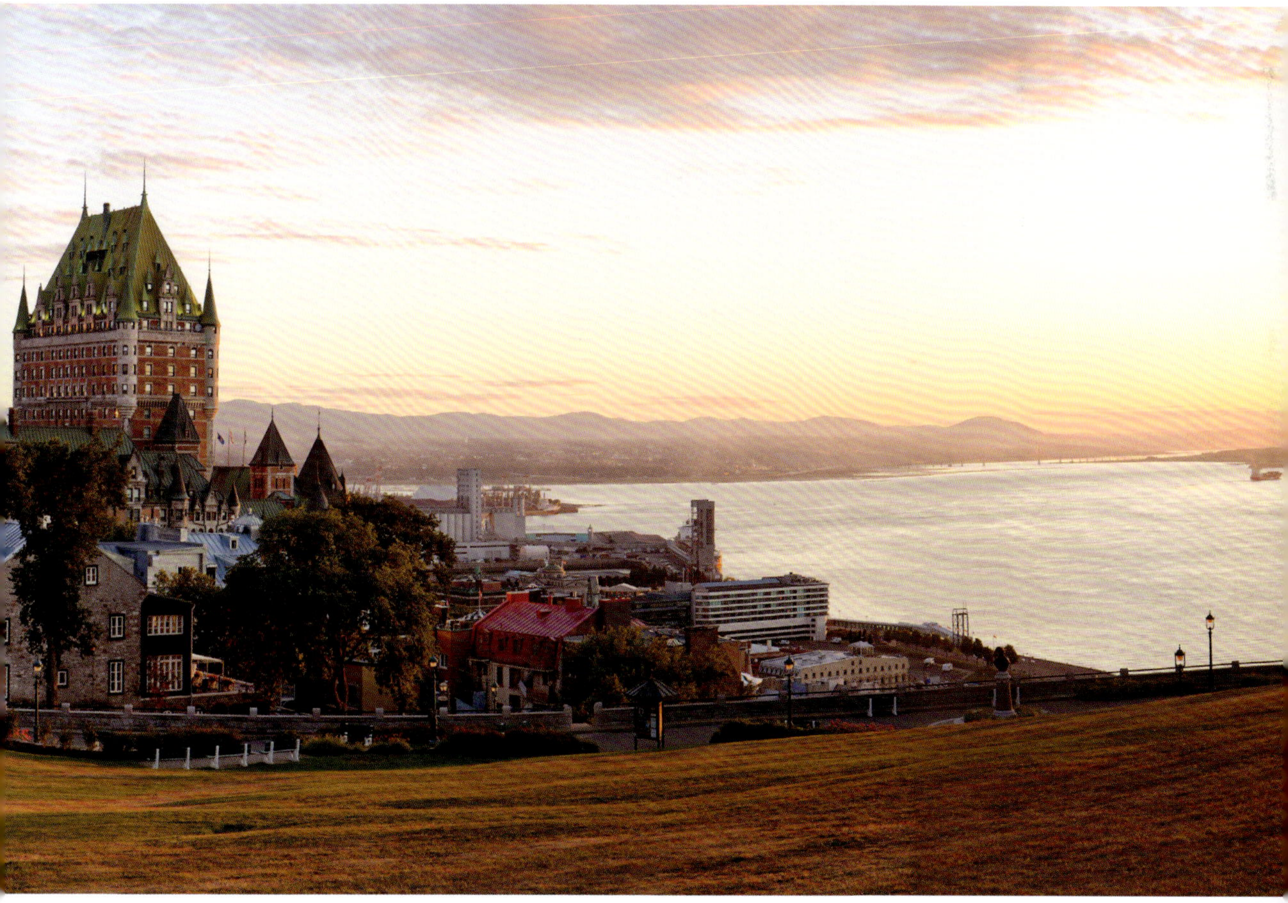

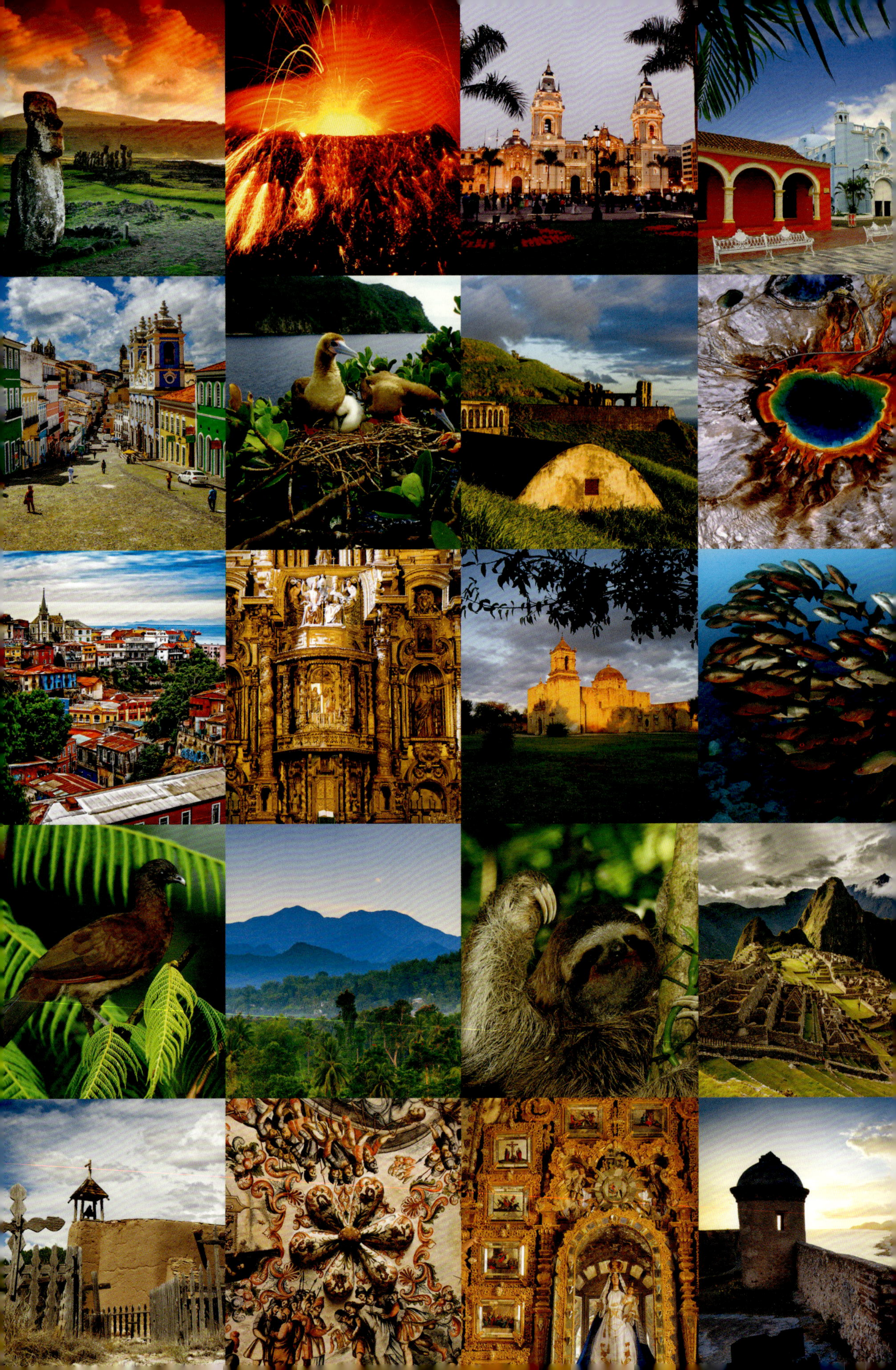

CONTENTS 目录

北美洲

- 002 | 加拿大
- 030 | 美国

中美洲

- 060 | 墨西哥
- 098 | 伯利兹
- 100 | 危地马拉
- 102 | 洪都拉斯
- 103 | 萨尔瓦多
- 106 | 尼加拉瓜
- 107 | 哥斯达黎加
- 112 | 巴拿马
- 118 | 古巴
- 134 | 牙买加
- 134 | 海地
- 135 | 多米尼加共和国
- 135 | 圣基茨和尼维斯
- 136 | 多米尼克
- 137 | 巴巴多斯
- 137 | 圣卢西亚

南美洲

- 142 | 哥伦比亚
- 156 | 厄瓜多尔
- 170 | 秘鲁
- 190 | 玻利维亚
- 196 | 智利
- 202 | 委内瑞拉
- 206 | 苏里南
- 208 | 巴西
- 228 | 巴拉圭
- 229 | 乌拉圭
- 230 | 阿根廷

◀ 阿西尼博因山坐落在加拿大落基山脉中，3618米高的山峰巍然耸立。它也被称为"加拿大的马特峰"。

▼ 大峡谷是美国最著名的自然景观之一，同时也是北美西部远足的绝佳去处。

北美洲

加拿大

克卢恩、兰格尔—圣伊莱亚斯、冰川湾国家公园和塔琴希尼—阿尔塞克省级公园

这些跨国公园拥有极其美丽的自然风光和令人惊叹的动植物群落。

克卢恩国家公园（位于育空地区）、塔琴希尼—阿尔塞克省级公园（位于英属哥伦比亚和育空地区）、兰格尔—圣伊莱亚斯国家公园和冰川湾国家公园（均位于阿拉斯加地区）共同组成了联合国教科文组织评定的第一个双国籍世界遗产，也是世界上最大的位于大陆的自然保护区。其地貌由冰原、冰川、山脉、瀑布、河流、湖泊以及广阔的森林和冻原构成。

尽管这里的冬季漫长，植物种类却异常丰富。海拔1100米以下地区分布着广阔的桦树、浆果灌木丛、阔叶林和针叶林。其中，高达90米的北美云杉尤其令人印象深刻。在海拔1100—1600米的亚高山地区，主要分布着各种柳树和以硬草为主的山地草甸。山地草原、野花、苔藓、低矮的灌木丛和白桦树占据了海拔1600—2000米的高山地区。这里的动物种类也十分丰富。黑熊、棕熊和灰熊以河中丰富的鱼类为食。戴氏盘羊和雪羊共同生活在高山地区。此外，超过170种鸟类、马鹿、狼、红狐、猞猁、麋鹿、雪兔、地松鼠和花栗鼠也生活在这4座公园中。

▲ 位于兰格尔山最西边的德拉姆山是一座复式火山，在距今65万年前到24万年前间为活火山。

▲ 希普山周围环绕的道路是克卢恩国家公园最受欢迎的徒步路段。

▲ 风景如画的阿拉斯加圣伊莱亚斯山附近的美丽风光。

▲ 颜色鲜艳的长隔木生长在塔琴希尼河的上游。

▲ 这些国家公园是白头海雕的家园，白头海雕对于美国来说具有重要的象征意义。

▲ 人们可以在克卢恩国家公园最东部的极其清澈的凯思林湖畔野营，并欣赏这里美丽的自然风光。

▲ 鸟瞰冰川湾可以清楚地欣赏其美丽的雪景。

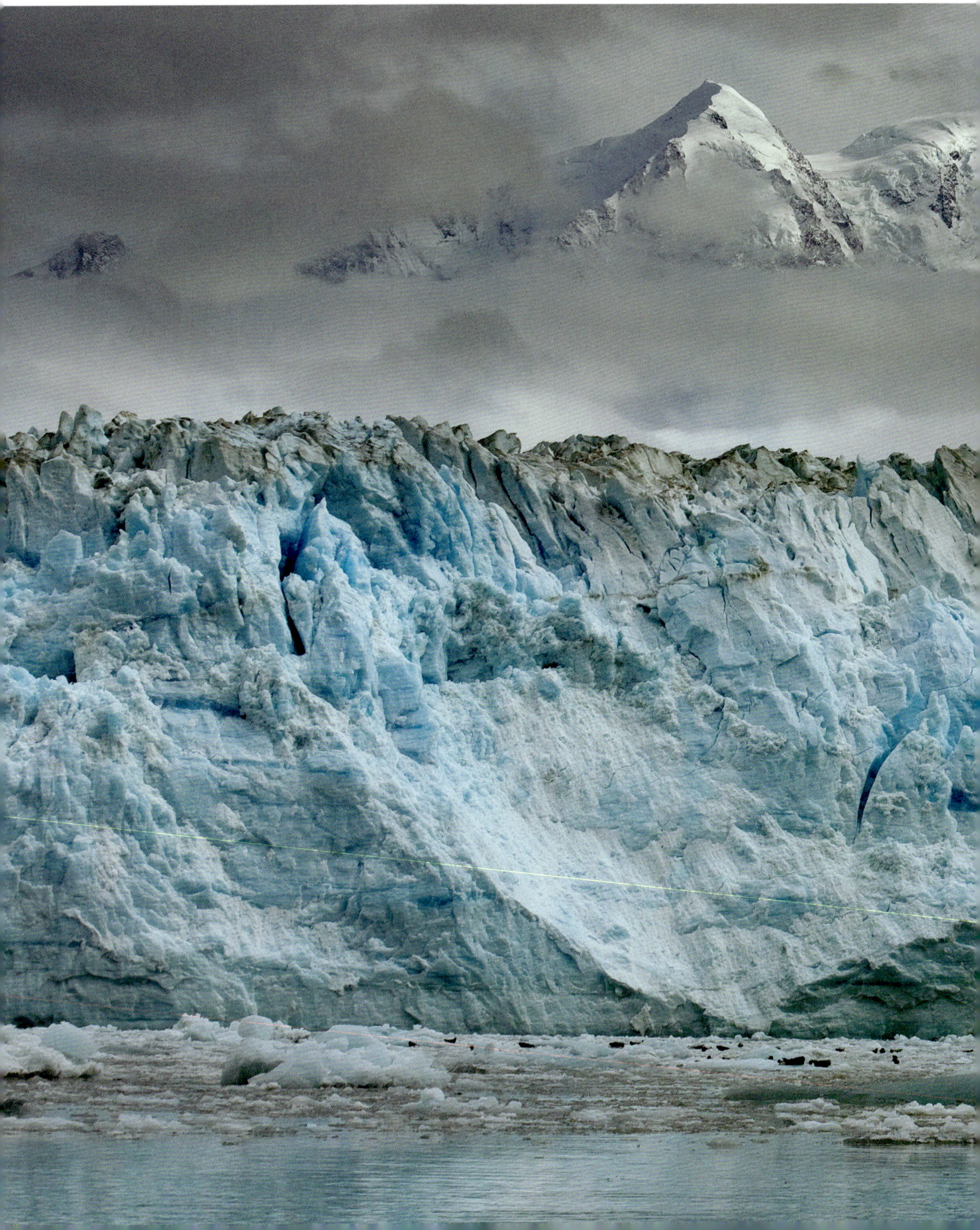

雄伟的哈伯德冰川前方漂浮着大块浮冰，浮冰上的海豹远远望去只是一个黑色的小点。冰川的背后，云雾缭绕的圣伊莱亚斯山高耸入云。

纳汉尼国家公园

这座交通不便的国家公园因加拿大最汹涌、最美丽的河流之一——南纳汉尼河而得名。

长约540千米的南纳汉尼河的源头位于克里斯蒂山。它是加拿大北部地区马更些山脉中的一座，海拔1600米。纳汉尼国家公园呈长条形，起始于威尔森山南部，沿南纳汉尼河两岸延展300余千米。这里的温泉（拉必特凯特尔温泉等）造就了当地的温带气候，在北方难得一见的植物在这里也可以生存，如多种蕨类、野生薄荷、玫瑰丛、欧洲防风草、菊属一枝黄花、紫菀以及多种兰花。河流蜿蜒流过长有草、苔藓和矮灌木的冻原，长度超过120千米。冻原上生活着长有巨大叉形鹿角的北美驯鹿。河流湍急，对于漂流者来说是个挑战。

弗吉尼亚瀑布落差96米，是最壮观的瀑布之一。3座大峡谷同样引人入胜，峡谷侧壁高达1300米。形状奇特的岩层和洞穴是其地貌特征。南纳汉尼河流经高达2700米的高峰，在国家公园的南部边界分出许多支流。

▶ 弗吉尼亚瀑布是加拿大最大的瀑布，其96米的落差是尼亚加拉瀑布落差的两倍。

▼ 纳汉尼国家公园中的拉必特凯特尔湖备受皮筏艇爱好者的青睐。

北美洲 009

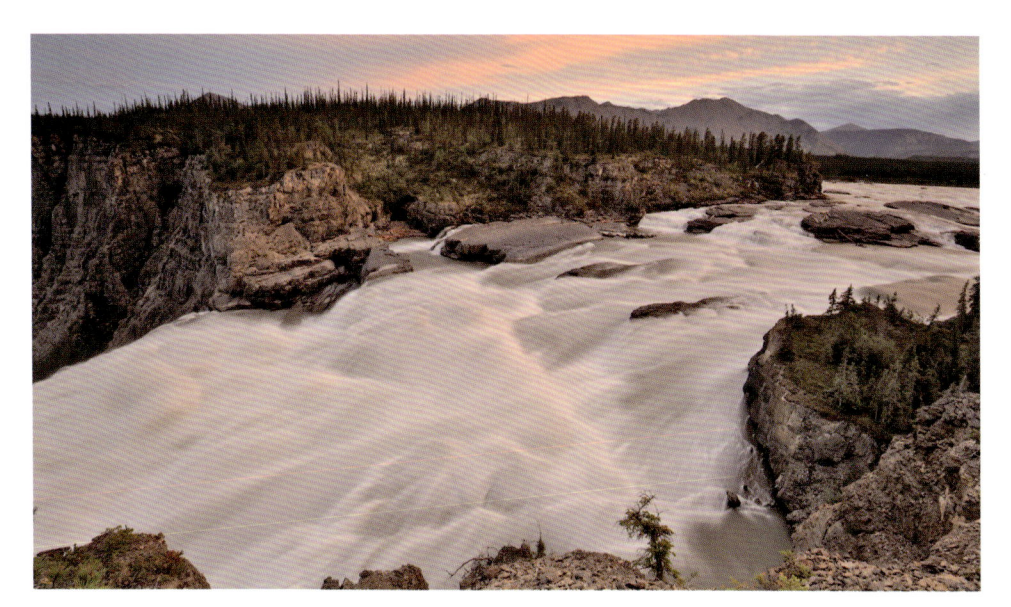

伍德布法罗国家公园

这个加拿大最大的自然保护区于1922年建成，面积大约为4.5万平方千米，其2/3位于艾伯塔省，1/3位于西北地区。该自然保护区是为了保护残存的丛林野牛。

现如今人们十分重视野牛（丛林野牛和草原野牛，它们通常混居在一起）的数量，在这里生活的野牛约有6000头，是世界上最大的野生野牛群落。该自然保护区不仅拥有北美最大的草原和寒带森林，还包含盐化的地表和阿萨巴斯卡河以及克莱尔湖之间的皮斯—阿萨巴斯卡三角洲。芦苇丛、沼泽和湖泊共同构成了一个神秘的水世界。除了丛林野牛，这里还生活着驼鹿、驯鹿、黑熊、灰狼、麝鼠、海狸、水貂、狐狸、猞猁、白鼬和红松鼠。三角洲是200多种鸟类的理想家园，包括100多万只灰雁、天鹅、鸭子和濒危的美洲鹤。当地的克里人、契帕瓦人和比弗印第安人与当地的生态系统和谐共存。

▲ 自然保护区中的野牛长达3米，重约1吨。

斯冈瓜伊（安东尼岛）

斯冈瓜伊位于英属哥伦比亚的夏洛特皇后群岛（海达瓜依）南部，岛上的尼斯亭斯村的32根图腾柱和10座雪松木屋见证了海达印第安人几千年历史的文明。

当1880年左右，尼斯亭斯村最后的居民离开安东尼岛时，海达文明已经有了上千年的历史。那时欧洲人传来的疾病让这个属于西北岸印第安人的部族人数锐减，现如今海达族人仅余2000人左右。岛上的图腾柱高达数米，有雕刻和绘画，造型具有高度的艺术性。它们见证了这个古老部族的历史。海达族于18世纪末期开始与白人交往。岛上的图腾柱是为了纪念重要的人物而建立的，由专业的手工艺人打造。柱上的雕塑展现了日常生活的场景、幻想中的动物以及神话人物。图腾柱上有一个开口用来盛放死者的骨灰，柱顶以部族的徽章进行装饰。

▲▼ 风化和天气变化使得图腾柱上的彩绘失去了原本的颜色。

海达人

在白人皮草猎人发现夏洛特皇后群岛之前，大约有8000个海达人生活在被他们称为"海达瓜依"的群岛上。海达人分成两个宗族派别，鸦族由22个家族组成，鹰族由23个家族组成。每个家族大约有40位成员。猎场、渔场和村落在宗族内部继承流传。此外，靠继承得以传承的还有特定的传说、歌曲、姓名和文身样式——海达人的文身是整个北美洲最华丽的。根据海达人的信仰，人类是由乌鸦创造的：机灵的乌鸦从在沙滩上发现的贝壳中将先民们啄了出来。然后它飞到众神的国度，为人们偷来了太阳、月亮和星星。据说，也是乌鸦将从海狸那里学来的建筑技术传授给了人类。海达人居住在由雪松建成的木屋里，每座房前都有一根图腾柱。海达人在夏天捕猎、打鱼、猎鲸，他们用一种结实的、由独特的雪松木制成的独木舟来追踪鲸鱼。他们在丛林中捕猎野兽。海达人还是令敌

加拿大落基山脉

班夫、贾斯珀、约霍和库特内这4座国家公园的建造是为了保护拥有独特地貌的加拿大落基山脉及其大部分处于自然状态的动植物世界。加拿大落基山脉于1984年被提名为世界遗产，1990年，罗布森山、阿西尼博因山和汉伯省级公园也被列为世界遗产。

加拿大落基山脉是科迪勒拉山系的一部分，长约2200千米。科迪勒拉山系贯穿北美洲和南美洲大陆，从阿拉斯加延伸至火地群岛。4座国家公园中面积最大、位于最北部的是贾斯珀国家公园。公园中有3000个被雪覆盖的硫黄温泉、20多千米长的马林湖以及落基山脉面积最大的连绵冰川。贾斯珀国家公园南部是于1885年建成的班夫国家公园，鲍河从中流过。

海拔3364米高的维多利亚山下是风景如画的路易斯湖，湖西是库特内国家公园和约霍国家公园。约霍河瀑布是世界上海拔最高的瀑布之一。罗布森山省级公园和阿西尼博因山省级公园因两座海拔近4000米的高山而得名。

由冰川、乔木林和河流组成的落基山脉国家公园群是许多稀有动物的家园。这里生活着灰熊、驼鹿、雪羊、猞猁、狼、土拨鼠、海狸、金雕等动物。

▶ 罗布森山高达3954米，是加拿大落基山脉中最高的一座山，罗布森山省级公园因它而得名。在印第安人的语言中它被称作"Yuh-hai-has-hun"，即"盘旋路之山"。

人闻风丧胆的战士，他们曾试图与敌人们进行海战，坚固的独木舟使得他们更具优势。他们穿戴着皮革制成的盔甲和头盔，建造了防御工事，并在白人到来后为独木舟装备了帆。

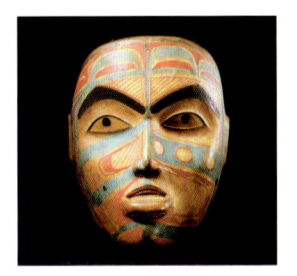

◀ 海达人在面具雕刻领域取得了杰出的艺术成就。

▲ 由于冰川融化的补给，马林湖的水温从未超过4℃。

▲ 踢马河景观是约霍国家公园最美的景点之一。

▲ 加拿大落基山脉的雪峰倒映在山间湖泊中，图为班夫国家公园的赫伯特湖。

▲ 库特内河畔的库特内国家公园的河水含氧量极高，有利于多种动物的生长。

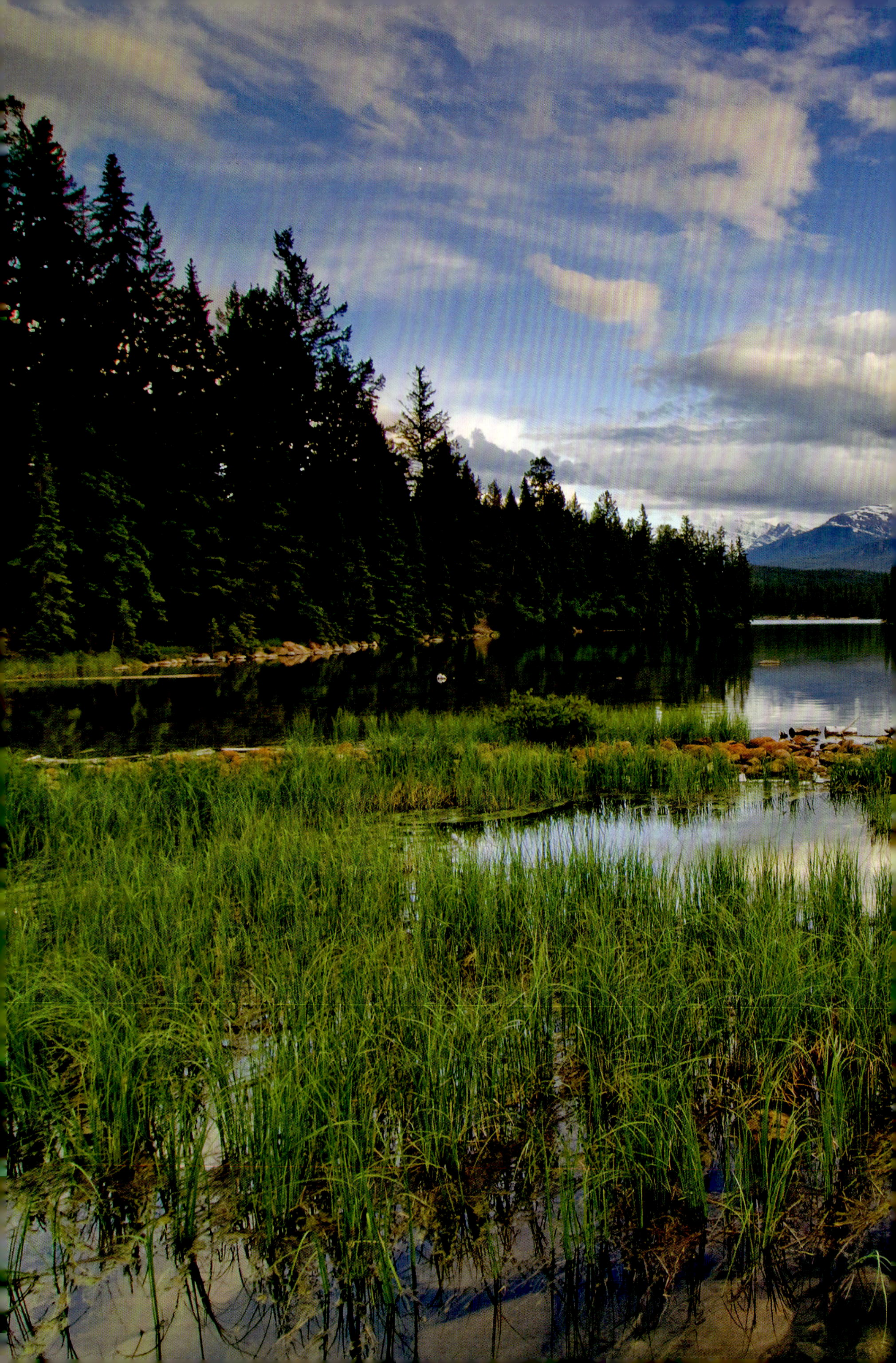

国家公园中的湖泊，如波瓦湖，一直以来都吸引着寄情山水的自然爱好者。数千千米长的徒步栈道贯通游人罕至的公园腹地，这里仍有许多惊艳的美景等待人们去发现。

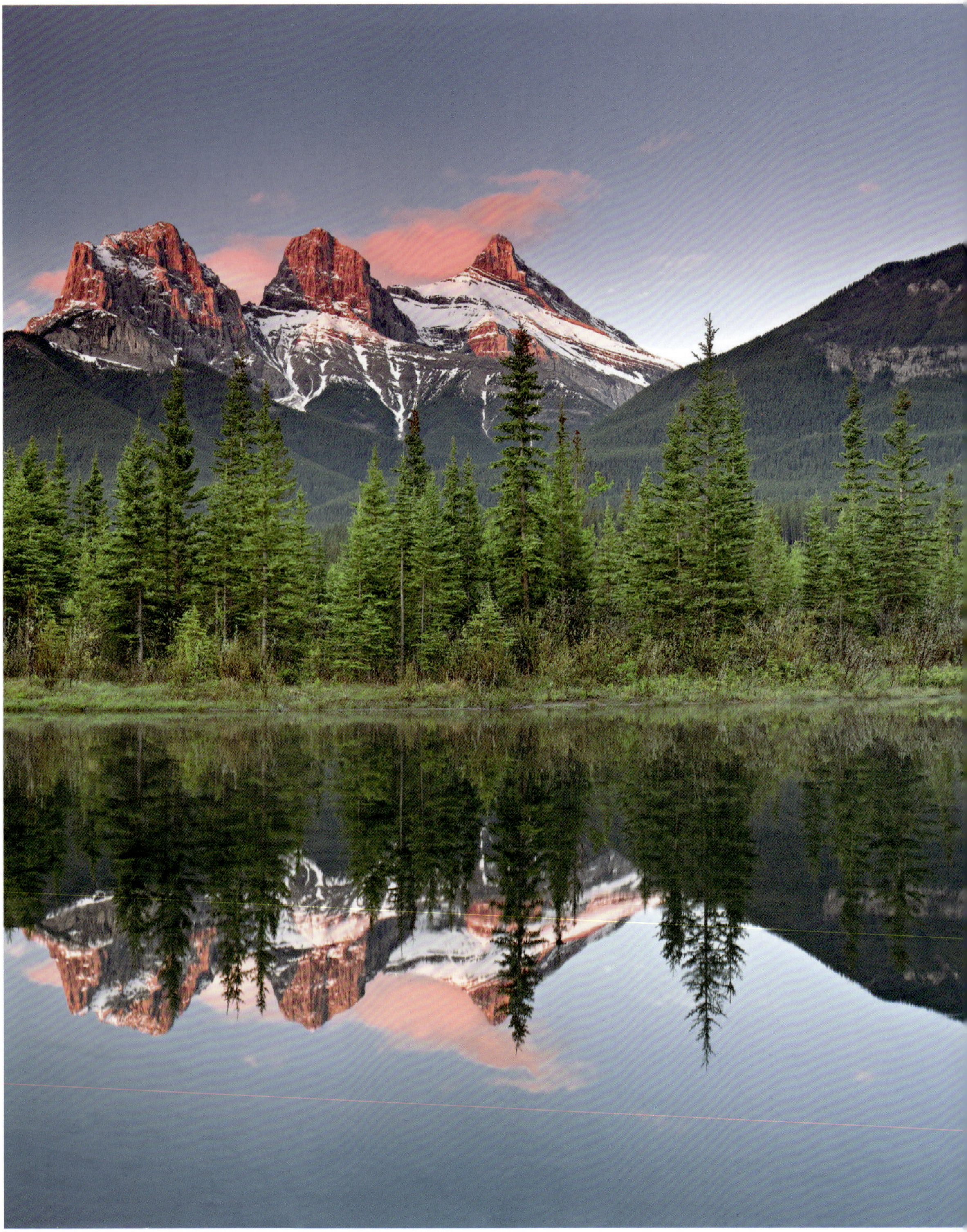

班夫国家公园西侧的鲍河洪泛区有 3 片湖泊，它们共同构成了朱砂湖。海凌峰高耸于湖面之上，据说"海凌"本是加拿大太平洋铁路公司一位厨师的名字，他于 1986 年和别人打赌，成功在 10 个小时之内攀上了这座山的峰顶，山峰便以此命名。

艾伯塔省恐龙公园

6500万年前，在艾伯塔省雷德迪尔河附近的艾伯塔省恐龙公园生活着巨大的恐龙。

▲ 在贫瘠的"荒地"中，人们挖掘出了有7500万年历史的恐龙化石。

白垩纪时期，从大约1.5亿年前到6500万年前，北美大陆上涌现出大量恐龙物种。最高的恐龙种类，如三角龙，高达近15米。它与其他种类的恐龙一样，在中生代末期灭绝了。世界上没有任何一个地区像这里一样发现了如此多的恐龙遗迹。众多龟类、鱼类、有袋动物和两栖动物的化石为研究者提供了研究这一时期动物群落的不同视角。人们可以在博物馆中欣赏到这些精彩的化石。这里的景观也有其特殊的魅力："荒地"是一个没有植被的侵蚀区，在风力和天气的作用下，岩石被塑造成为如同外星球一般的奇异地貌。尽管这里的气候与沙漠相差无几，但河岸边仍保留了大量的植被，为响尾蛇、土狼、马鹿，特别是许多鸟类，提供了理想的栖息地。

美洲野牛涧地带

位于艾伯塔省豪猪山的一座超过10米高的沙石壁让人想起美洲原住民狩猎野牛的一种独特方式。

▲ 在位于艾伯塔西南部的德赖岛"野牛跳"省级公园中，印第安猎人曾将数千只野牛赶下悬崖。

整群的野牛被挥舞着长矛的猎人从微微起伏的大草原中央驱赶到悬崖边。在快速奔跑的过程中，野牛不能及时预判将要面临的危险，后方的野牛若稍加推搡，前面的野牛便会一头掉入万丈深渊。随后，猎人们在悬崖底部找到这些摔死的野牛并将其分成小块。他们把不打算立即食用的肉烘干保存，用野牛的皮毛制作衣服和帐篷，用骨头制作武器和日常工具的原料。虽然在北美其他地方也有这种"野牛跳"的捕猎方式，但这里的"野牛跳"是规模最大、最古老的。这种狩猎方式在步枪普及之前非常常见。根据记载，1850年，人们最后一次在这里使用这种方式进行狩猎。

当地大量的遗迹为考古学家提供了自公元前3600年以来、前哥伦布时期，印第安人生活的重要信息。这些遗迹中包括有标记的道路痕迹、一个印第安人营地和一座埋有大量野牛骨骼的坟丘。

红湾巴斯克捕鲸站

在纽芬兰和拉布拉多之间的贝尔岛海峡附近的红湾，人们发现了美洲东岸巴斯克人捕鲸的最早且保存最完好的证据。

早在 12 世纪，生活在比斯开湾附近的巴斯克人就开始猎杀本地鲸鱼。那时用鲸鱼制作的主要产品是灯用鲸油。然而，随着几个世纪的发展，鲸鱼的数量越来越稀少，因此巴斯克人不得不远航至大西洋更深处寻觅鲸鱼。据推测，巴斯克人早在 16 世纪初便通过这种方式到达了红湾，并意识到这个海湾非常适合作为拉布拉多海岸的天然港口。大约在 1535 年至 17 世纪初，他们在红湾经营着一个捕鲸站。每年有 15 艘巴斯克捕鲸船载着约 600 人进入港口，并在这里度过整个夏天。在红湾发现的考古遗迹包括居民楼、有 140 名捕鲸者遗骸的墓地、沉船遗骸（如 1565 年沉没的圣胡安号遗骸）、鲸脂提炼工场、制桶厂、造船厂和鲸骨堆放场等。

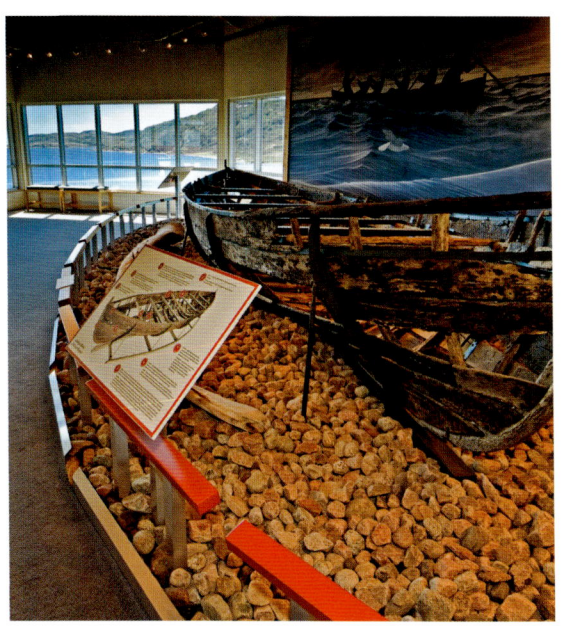

▲ 位于红湾国家历史遗址的一艘古老的巴斯克渔船。这种小船曾用于捕鲸。

拉安斯欧克斯梅多国家历史遗址

纽芬兰岛上的一座拥有 1000 多年历史的维京人村落是欧洲人（早在哥伦布之前）在北美建造的第一处聚居地。

在北欧神话中，一直流传着传奇的莱夫·埃里克松远航"文兰"的说法。1960 年，北欧水手早期横渡大西洋的传说被科学证据所证实。考古学家黑尔格和安妮·斯泰恩·英斯塔在纽芬兰岛的拉安斯欧克斯梅多发现了维京人的居住地遗迹，该地在 11 世纪初便已经建成并有人居住。这个遗址与冰岛和格陵兰岛上的维京村庄有异曲同工之妙。8 座出土房屋中有 3 座已经完成了重建工作。这些房屋和同期人们发现的工具一起生动地展现了最早一批到达北美的欧洲人的艰苦生活，他们很可能没过几年便离开了美洲：恶劣的气候和充满敌意的美洲原住民使他们所谓的"天堂纽芬兰"美梦成为泡影。

▲ 巨大的房屋证实了来到美洲的最早一批维京人的存在。房屋如今已被野草覆盖。

格罗莫讷国家公园

早在4500多年前,多塞特因纽特人便居住在位于纽芬兰岛西岸地貌多样的格罗莫讷国家公园中。

国家公园因格罗莫讷山而得名。格罗莫讷山高806米,与其毗邻的石灰岩高原高约600米。高原上蜿蜒的水道、荒地湖泊和冰碛赋予了它独一无二的地貌特征。

这里的动物群落包括驯鹿、北极熊、北极兔、北极狐和猞猁。陡峭巍峨的长岭山对于地质学家们来说很有启发意义,其岩层为地质学家提供了宝贵的地质资料。公园内风景如画的峡湾形成于上个冰河时期。西溪湖是一个被600米高的悬崖包围的内陆湖,是一处颇有特色的自然景观。沿海地区的突出特征主要是陡峭的悬崖、游弋的沙丘和众多的鸟类。这片海域鱼类丰富,是鸟类和海豹重要的食物来源。考古发现证实,早在公元前2500年,已有人类在此定居。

▲ 黄昏时格罗莫讷国家公园中的鳟鱼池。

▲ 北美驼鹿和其他动物共同生活在国家公园中。

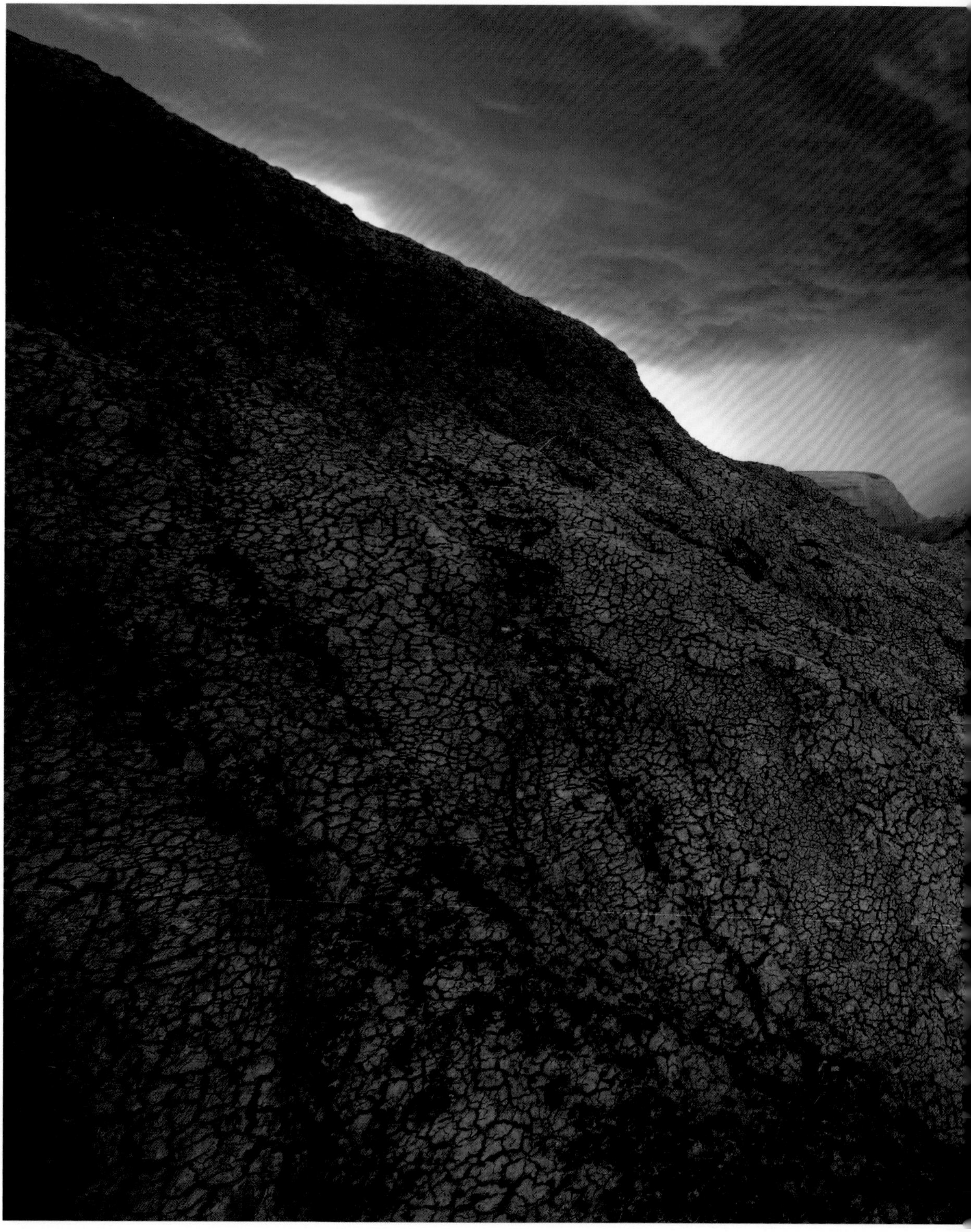

大片的积雨云从饱经风化的岩石上方拖曳而过，使这片区域显得阴沉可怖。数百万年前，史前巨兽从此处经过。在以风化地貌为主的艾伯塔省恐龙公园中，土壤中的黏土比重很高，是保存遗骨的理想土质。

米瓜莎公园

米瓜莎公园拥有世界上最著名的泥盆纪化石遗址。这里的指准化石是鱼石螈化石，4条腿的脊椎动物便是从鱼石螈进化而来的。

▲ 人们在公园的悬崖中发现了生活在泥盆纪早期的6种鱼类化石中的5种。

1842年，加拿大物理学家和地质学家亚伯拉罕·格斯纳发现了这一坐落于魁北克东南部加斯佩半岛南部海岸上的区域。该地区得名于其岩层的颜色：在当地米克马克印第安人的语言中，"米瓜莎"指一种微红的色调。1985年，米瓜莎成为保护区公园，公园中有距今3.5亿—3.75亿年的埃斯屈米纳克岩层的悬崖。迄今为止，在此发现和记录了大约5000个保存完好的化石，其中包括源自泥盆纪的所有脊椎动物、无脊椎动物、植物和孢子。这里最著名的化石是有"米瓜莎王子"之称的真掌鳍鱼化石，这是一种已经灭绝的鱼石螈，它生活在距今3.7亿年的泥盆纪早期，标志着鱼类向陆生脊椎动物的过渡。除了鳃，真掌鳍鱼还拥有肺泡和有力的鳍骨。其身体构造使它拥有短暂离水生活的能力。从它的前鳍骨可以辨认出与后来陆生脊椎动物相似的肱骨、尺骨和桡骨结构。

里多运河

安大略湖畔的里多运河是19世纪北美洲唯一一条人工水道。如今的里多运河几乎保持原貌，并仍在使用。

▲ 近50座水闸缩小了渥太华和金斯敦之间的里多运河的高度差异。

1828年，英国皇家工兵部开始修建运河，并于4年后建成。在运河建造过程中，同时修建起了水坝，用来储存里多运河和卡坦拉基河的水，并由此形成了一系列水库，它们通过大约50个水闸彼此连接。除此之外，运河附近还有许多湖泊可以作为蓄水池使用。

人们在易受攻击的地段建造了防御工事，也就是所谓的碉堡。亨利古堡守护着金斯敦港的东侧。在英国殖民地爆发起义之后，设防的水闸看护室诞生了。这条长约200千米的运河在当时主要用于军事，以控制北美的北部地区。

而到了19世纪中期，运河失去了其战略意义，成为开发无人区的交通要道。

魁北克古城区

魁北克是法国在新大陆建立的第一座城市,至今保留着 18 世纪欧洲城市的独特韵味。

魁北克是魁北克省的省会,也是加拿大法语区的核心,这里 90% 以上的居民都说法语。该定居点建于 1608 年,位于圣劳伦斯河畔,后来迅速发展为新大陆与法国本土商贸往来的枢纽。

在迪亚芒角下方的房屋被多次烧毁后,居民们迁回高地并建立了"上城区"。下城区的核心包括皇家广场、圣母街以及精心修缮过的建城时期的房屋;而教堂、军事机构、修道院和学校则聚集在设防的上城区。在英法殖民地战争中,这座城市的控制权多次发生转移,最终落入英国人手中。后来,为了抵御美国军队潜在的攻击,城中搭建起了防御工事,这在整个北美洲都是独一无二的。

▼ 芳堤娜城堡位于魁北克的中心,是城中主要的景点之一,它的名字来源于一位法国总督。

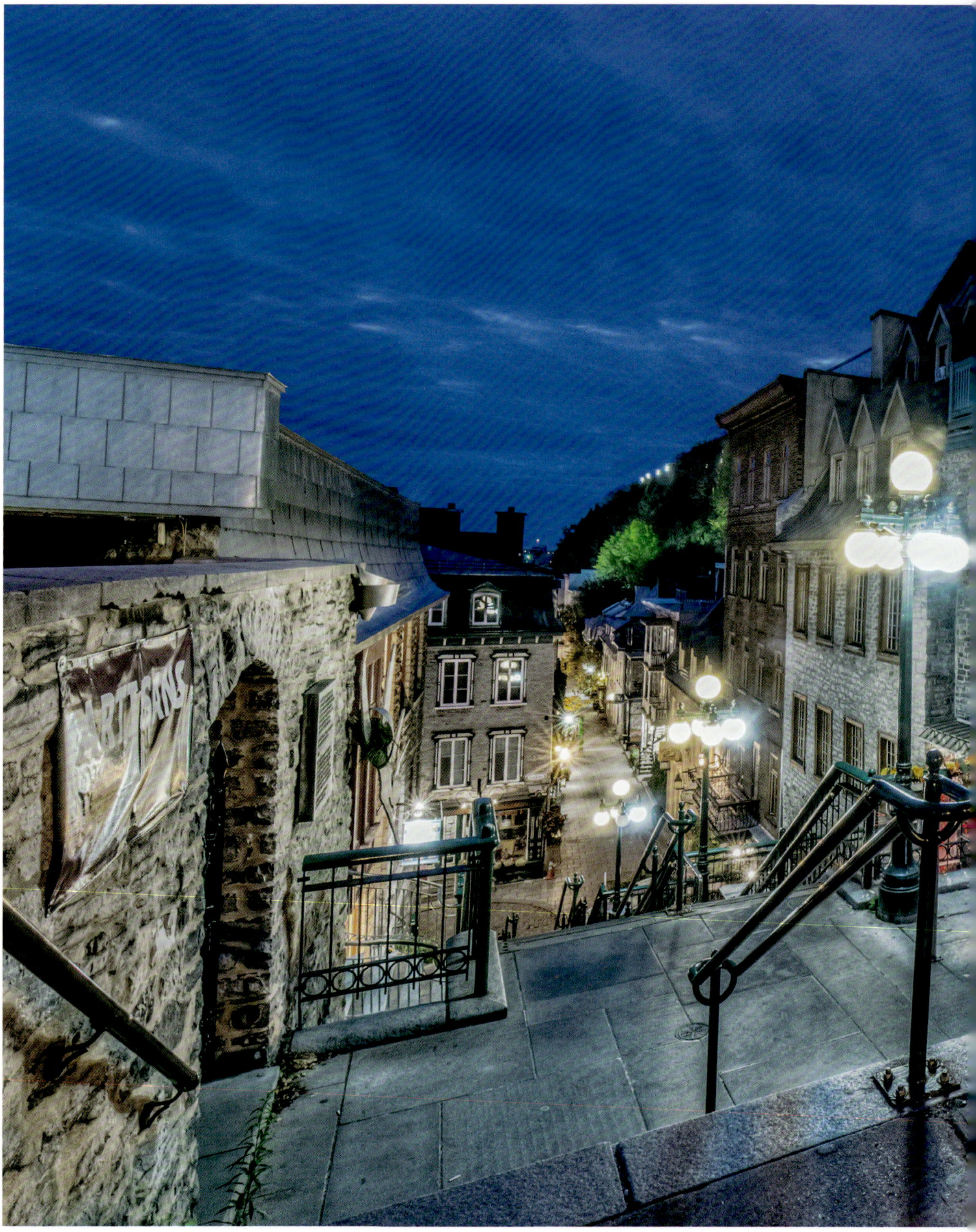

一条缆车将魁北克下城区与建设在迪亚芒角高地上的上城区相连,上下山有供人步行的台阶。皇家广场无疑是下城区的"心脏"。小尚普兰街别具格调的餐厅和工艺品店吸引了无数游客驻足。

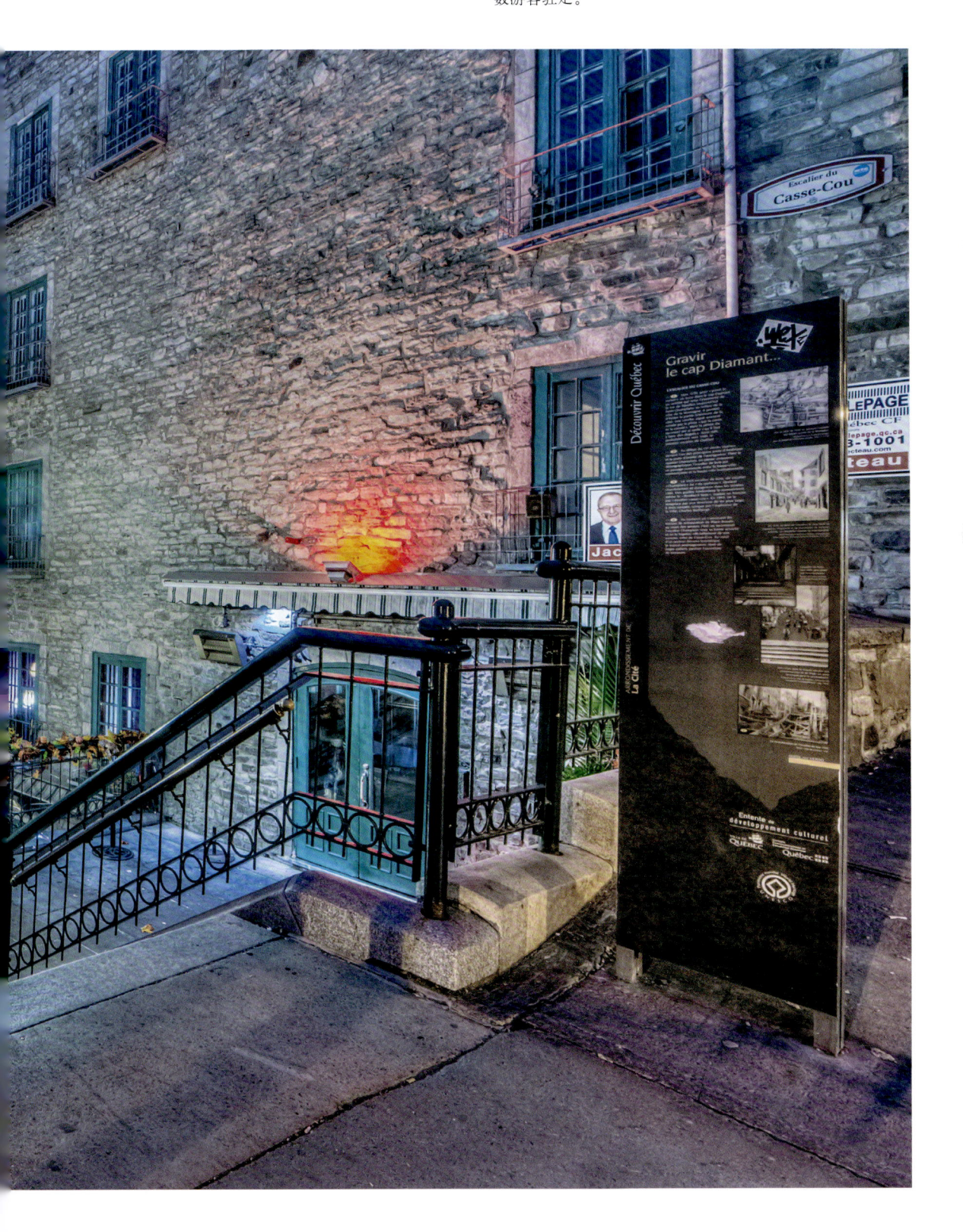

乔金斯化石断崖

这座位于加拿大新斯科舍省的断崖因出土了 3 亿年前的化石，而成为重要的石炭纪化石遗址。

1852 年，加拿大地质学家威廉·道森首次在这里发现了林蜥化石。这种长达 20 厘米的爬行动物是最早完全适应陆地生活的物种之一，现在已经灭绝。查尔斯·达尔文通过研究在乔金斯发掘的化石，提出了具有开创性的科学理论。芬迪湾沿岸的古生物学地区保存有早期雨林的树根化石、爬行动物化石、最古老的羊膜动物的化石，它们源于距今 2.98 亿—3.58 亿年的石炭纪。这一时期，世界上没有其他地区出土过比该地区更多的陆地生物的化石。在长度近 15 千米的断崖、石原和沙滩中出土的化石分别来自 3 种生态系统：河口湾生态系统、包含雨林的洪漫滩生态系统以及被树木覆盖的冲积平原生态系统。

▲ 在高达 15 米的潮差的侵蚀作用下，乔金斯断崖中的化石暴露了出来。

格朗普雷景观

这项世界遗产中包含 1323 公顷农田，它们是 17 世纪以来拦河筑坝的成果。被列入该世界遗产的还包括古老的法国和英国定居点格朗普雷以及霍顿维尔的考古遗址。

17 世纪末，法国殖民地开拓者涌入位于今天加拿大东部的新斯科舍省的南米纳斯盆地。他们称自己为阿卡迪亚人。阿卡迪亚人和生活在当地的米克马克印第安人交往密切，并发展出了独特的文化。他们利用土墙和带有止回阀的泄洪道把芬迪湾北部肥沃的沼泽地改造成为最好的农田。英国人于 1713 年获得了新斯科舍的统治权。他们不信任阿卡迪亚人的法国血统，于是自 1755 年起，阿卡迪亚人被放逐到了更南部的地区。19 世纪末，这里开始了一场阿卡迪亚文化的复兴。在这片首个由欧洲殖民者塑造的文化景观中，纪念碑址和遗迹记录着阿卡迪亚人的生活和他们被暴力驱逐的历史。

◀ 新斯科舍省格朗普雷国家历史遗址是阿卡迪亚人曾在此定居的历史见证。

▲ 卢嫩堡旧城景观。

卢嫩堡旧城

保存最完好的卢嫩堡是殖民地定居点的范例，这些定居点大多诞生于英国在北美洲统治时期。

　　卢嫩堡的德文名字有据可依：该定居点于 1753 年建成，位于新斯科舍南岸，以德国城市吕讷堡命名，是为 1453 位新教徒殖民地开拓者而建的。他们中的大多数人说德语，是他们发现了这里具有得天独厚的自然条件。这座树林茂盛的半岛木材储备丰富，海洋保证了鱼类供给，富饶的土地可以用来进行农业生产。定居点的地形如同在绘图板上设计出来的一样——这符合英国人的建筑准则，因为他们只允许建造笔直的道路和矩形的广场。至少有 21 个北美定居点是按照这种模式建造而成的，然而没有哪一座像卢嫩堡一样结构清晰可辨。老城中大约有 400 座重要建筑物，其中 70% 源于 18 世纪和 19 世纪。超过 95% 的建筑是木制的，大多数被绘成彩色。尽管殖民地开拓者们在自己的家乡主要从事农业工作，但是在这里，他们很快成长为成功的渔夫和船工。因此，这座定居点模范城市在短时间内发展成了商贸中心。

美国
沃特顿冰川国际和平公园

1932 年,加拿大的沃特顿湖群国家公园与美国的冰河国家公园合并,组成世界上第一个跨国界的和平公园。

沃特顿冰川国际和平公园的诞生得益于艾伯塔(加拿大)和蒙大拿(美国)两地的扶轮社的提议。它的建成体现了"加拿大、美利坚合众国和印第安人的'黑脚邦联'之间的和平与友善"。和平公园地跨艾伯塔和蒙大拿边界,面积超过 4500 平方千米,公园中有偏僻的山谷,被风吹拂的山顶之下是如梦似幻的美景,包括大约 650 片湖泊和丰富的动植物群落。山地草甸、草原和针叶林中生长着 1200 多种植物;此外,约有 60 种哺乳动物、240 种鸟类和 20 种鱼类生活在这里。超过 200 座考古发掘地提供了关于原住民文明的信息,他们可能已经在这里生活了约 8000 年——比 18 世纪初第一批白人皮草猎人的到来要早得多。探矿者、冒险者和殖民地开拓者在 19 世纪将印第安人驱赶至保留地,并强迫他们在保留地定居。

▲ 巍峨的冰山环绕着圣玛丽湖。

▲ 贝尔维山和高尔韦山是沃特顿冰川国际和平公园受人喜爱的徒步胜地。

▲ 西诺帕山在清澈的双药湖后拔地而起。▼ 沃特顿湖周围是一片冻原。

奥林匹克国家公园

这座位于西雅图以西的奥林匹克半岛上的公园西面是太平洋，北面是胡安·德富卡海峡，南面是皮吉特湾。

这座建于1938年的国家公园是为了保护温带雨林不被砍伐而建的，由于其特殊的地理位置，公园中发展出了独特的动植物群落。在潮湿的原始森林中有许多本土针叶树，它们如教堂塔楼一般高大，其树干周长可达7米。当地特有的植物有13种，其中大多数是野花。园中共有3种不同的生态区：雨林中有北美云杉、铁杉、巨杉、北美黄杉、阔叶械和北美乔柏，是麋鹿、美洲狮、黑熊和海狸的家园；环绕着奥林匹克山的高山山脉呈现出雄伟的冰川风貌，共有11条水系的源头位于此处，这里为生活在咸水与淡水之间的鱼类提供了理想的生态环境；长约100千米的太平洋海岸线是贻贝、螃蟹、海胆、海星和鸟类的最佳栖息地，每年灰鲸在前往阿拉斯加的途中都会路过这里两次。

▲ 长满苔藓的树干和丰富的蕨类植物是奥林匹克国家公园中温带雨林的特有元素。

黄石国家公园

世界上最古老的国家公园——黄石国家公园早在1872年就已建立，由雄伟的荒野、山川、河流、湖泊以及300多个间歇泉组成，面积约9000平方千米。公园大部分位于怀俄明州，此外，蒙大拿州和爱达荷州各有一小部分。

黄石高原海拔2000米，四周环绕着4000米的高山，它如今的地貌是火山喷发后所形成的：森林地区的化石见证了60万年前最后一次火山喷发，当时火山喷出的熔岩流和火山灰覆盖了如今公园内的绝大部分地区。滚烫的泉水、喷气孔和喷泉无不提醒着人们：这里的地壳完全没有平静下来——何况黄石还是一座所谓的"超级火山"，园中一座名为"老忠实"的间歇泉每小时都会喷射出高达60米的激流。五颜六色的沸腾的泉水、噼啪爆裂的泥浆泡以及岩缝中滚烫的蒸汽都展现了地表之下的统治力。这项世界遗产以黄石河畔的黄色岩石命名，这里还拥有包括灰熊、狼、野牛和麋鹿等在内的多种野生动物。

▲ 瀑布和喷泉展现了大自然的力量。微生物使泉水呈现出不同的颜色。

▲ 大棱镜温泉是世界上最大的温泉之一。

约塞米蒂国家公园

该世界遗产位于加利福尼亚东部,拥有纵横的山地、广阔的针叶林以及清澈的冰川湖泊,是北美洲冰河时代最壮观的世界遗产。

▲ 约塞米蒂谷、埃尔卡皮坦和新娘面纱瀑布下的小溪。

▼ 约塞米蒂自然保护区中的半穹顶花岗岩构造奇异非凡。冰河时代的雄伟遗迹在层云尽染的天空下美得不可方物。

位于内华达山脉的约塞米蒂国家公园拥有世界上最美丽的花岗岩高原。源自冰川时代的冰川及其凹凸不平的山谷、山锥、冰川湖泊和瀑布塑造了当地的地貌。巨石构成了默塞德河的山谷。高达2700米的半穹顶是公园的标志。世界上再也没有别的地方像这里一样拥有大量的高山瀑布。740米高的约塞米蒂瀑布是美国的第二大瀑布。这里的植被具有丰富的多样性:据统计,这里有37种树木,包括超过3000年历史的巨杉,山地草甸上生长着大量草药和野花。虽然这里的灰熊和狼已经灭绝,但在公园里仍能经常看见黑熊、美洲狮、地松鼠、花栗鼠、渔貂、骡鹿、鼠兔、狼獾以及多种鸟类的身影。

▲ 半穹顶的岩壁对于登山者来说是一个挑战。

红杉国家公园

这处位于加利福尼亚北部太平洋海岸的世界遗产得名于世界上最大的植物：红杉（亦称为"红木"）。

▲ 太平洋沿岸广阔的原始森林的最后遗存在红杉国家公园得到了很好的保存。

加州红杉最高可达100米，曾经遍布北美大陆，如今只有美国西海岸还保留有一小部分。人们为保护这种树木建立了许多州立公园。其中的3座——杰迪戴亚·史密斯红杉州立公园、德尔诺特海岸红杉州立公园和大草原溪红杉州立公园——自1968年起合并成为红杉国家公园。公园面积446平方千米，园内大约1/3是红杉林，林中有一棵名为"金块"的红杉高111米，是世界上最高的树。这些雄伟的巨树通常有500—700年的历史，极端情况下有的甚至已经存活了近2000年。北美云杉、铁杉、北美黄杉、阔叶槭和加州月桂等巨树也生长在高海拔地区。太平洋沿岸地区生活着海豹、海狮和海鸟，如崖海鸦、斑海雀等。混交林地区生活着美洲狮、臭鼬、罗斯福麋鹿、白尾鹿，还有灰狐、黑熊、水獭、海狸等。

▲ 在红杉国家公园参天巨树的映衬下，杜鹃木绽放出粉红色的花朵，在树林下层尽情展示着自己的婀娜。这种植物适合在潮湿多雨的气候中生长，春天到来，繁花挂满枝头。漫步林间，幸运的话，说不定还能遇到正在学习爬树的黑熊幼崽。

大峡谷国家公园

位于亚利桑那州西北部的科罗拉多河历经数百万年，在岩石中开辟出大峡谷。大峡谷为人们更加深刻地了解地质史提供了丰富的材料。

大约在 600 万年前，位于亚利桑那州西北部的河流便开始探寻通过岩石高原的道路。风化作用和天气因素塑造了岩壁多种稀奇古怪的形态。在大峡谷中，气温最高可达 50℃，只有一些具有抗性的植物和动物能够存活。因此，这里生长着多种仙人掌和荆棘丛，响尾蛇、黑寡妇和蝎子也生活在这里。河岸上生活着蜥蜴、蟾蜍和青蛙，有的地方还有海狸和水獭。大量的发现证明，当地拥有 4000 年的人类居住历史，其中最壮观的人类居住遗迹是大约有 1000 年历史的阿纳萨齐人石屋。2007 年，大峡谷国家公园在瓦拉佩印第安保护区建造了大峡谷天空步道。游客们可以在突出峡谷边缘之外的、装有玻璃墙壁和地板的马蹄铁形平台上，从 1200 米的高处俯视脚下深渊，领略大峡谷的壮观景色。

▲ 科罗拉多河蜿蜒450多千米，穿过5.5—30千米宽、深达1600米的峡谷。

▲ 大峡谷国家公园北缘。

陶斯印第安村

陶斯普韦布洛位于格兰德河的一条支流附近，700年来仅有提瓦印第安人居住。至今保存完好的土坯建筑是普韦布洛文化延续的有力证明。

位于新墨西哥州北部的陶斯普韦布洛是美国人类居住时间最长的定居点，建成于13世纪末期，当地现存年代最久的建筑也源于此时。长久以来，普韦布洛印第安人用风干的黏土砖（也叫作"黏土坯"）作为建筑材料，天花板则是由木梁、柳条和夯土构成。每座主建筑配有3座基瓦，直到今天，印第安人还在基瓦中举行传统仪式（即使现在其中大多数印第安人是天主教徒）。最早的多层多角的普韦布洛主建筑的两个方形住宅单元只能通过绳梯和天窗从外部进入。这里也曾是这片地区其他印第安人聚集的地方，他们带来肉和皮毛，用以换取普韦布洛的食物和纺织品。

▲ 陶斯普韦布洛的防御工事表明，不同群落的印第安人并不能一直和平共处。

查科文化国家历史公园

除了以查科峡谷为特色的查科文化国家历史公园，这项位于新墨西哥州西北部的世界遗产还包括阿兹特克废墟国家纪念碑和一些较小的考古挖掘地。

"查科文化"指的是前哥伦布时代阿纳萨齐印第安人的鼎盛时期。他们以从事农业生产为主，生活在一种名为"普韦布洛"（村落）的多层建筑之中。850—1250年，查科文明的思想文化中心是查科峡谷，阿纳萨齐人在此建造了雄伟的定居点，它们通过道路彼此连接。这些定居点即所谓的"崖居建筑"，是在天然的岩石凸起上建造的房屋。查科峡谷中有12座"普韦布洛"和许多较小的定居点，总共可容纳6000—10000人。"坑屋"通常用来称呼半下沉的圆形或椭圆形建筑；而"基瓦"指的是一种圆形神庙，其直径可达22米。最著名的是拥有36个地穴和800个房间的4层"普韦布洛博尼托"（大村落）。阿纳萨齐人的黄金时代结束于1300年。

▲ 在"普韦布洛博尼托"中，人们可以欣赏到阿纳萨齐人的圆形神庙。

卡尔斯巴德洞穴国家公园

数百万年间，在新墨西哥州的东南部形成了一个占地近200平方千米的、由奇异钟乳石洞穴组成的广阔迷宫，吸引了众多研究者和游客前来一探究竟。

第一眼看到瓜达卢佩山周围的沙漠和森林景观时可能会有些失望，但卡尔斯巴德洞穴国家公园真正的魅力隐藏在山间广阔的洞穴系统中。这些洞穴的起源可以追溯到2.5亿年前的二叠纪时期。卡皮坦礁在地壳运动中从海中耸起，后被酸雨溶解，继而形成越来越大的空洞。迄今为止，被人们发现的洞穴共有80多个，其中莱丘吉拉洞是最深、最长的洞穴。蝙蝠洞是无数蝙蝠的沉睡之地——多达100万只墨西哥斗牛犬蝙在这里过夜；人们还在这里发现了前哥伦布时代的洞穴岩画。在新洞中可以看到由石笋和钟乳石构成的迷人奇观。由于石灰石的分解和堆积，卡尔斯巴德洞穴的奇异世界处于不断地生成和消亡的过程中。

▲ 卡尔斯巴德洞穴的石笋和钟乳石是石灰石溶解和沉淀的结果。

弗德台地国家公园

建于6—12世纪、位于科罗拉多州西南部的石屋是独一无二的。

最古老、保存最完好的阿纳萨齐人遗址位于海拔约2600米的狭长的弗德台地平坦的山地上（"弗德台地"意为"绿色平顶山"），该区域于1906年成为国家公园。考古学家们在当地的峡谷和岩龛中发现了一整座村庄，并对其进行了修复。很多房屋建立于悬崖峭壁间，部分房屋在绝壁之中，这说明阿纳萨齐人希望以此保护自己免受敌人伤害。

国家公园内总共有约4600处印第安原住民遗址，许多遗址保存完好。其中最著名的是4层的悬崖宫殿。它拥有150个房间和23个地穴，可以容纳100多个居民；岩石峡谷的长屋有150个房间和15个地穴；云杉树屋拥有130个房间和18个地穴，可容纳110人。1888年冬天，两个牛仔在寻找走失的牛时无意间闯入这片荒凉之地，走到了悬崖宫墙前。这是白人第一次发现这片遗址。

▲ 阿纳萨齐人的岩石建筑证明了他们有适应荒野生活的能力。

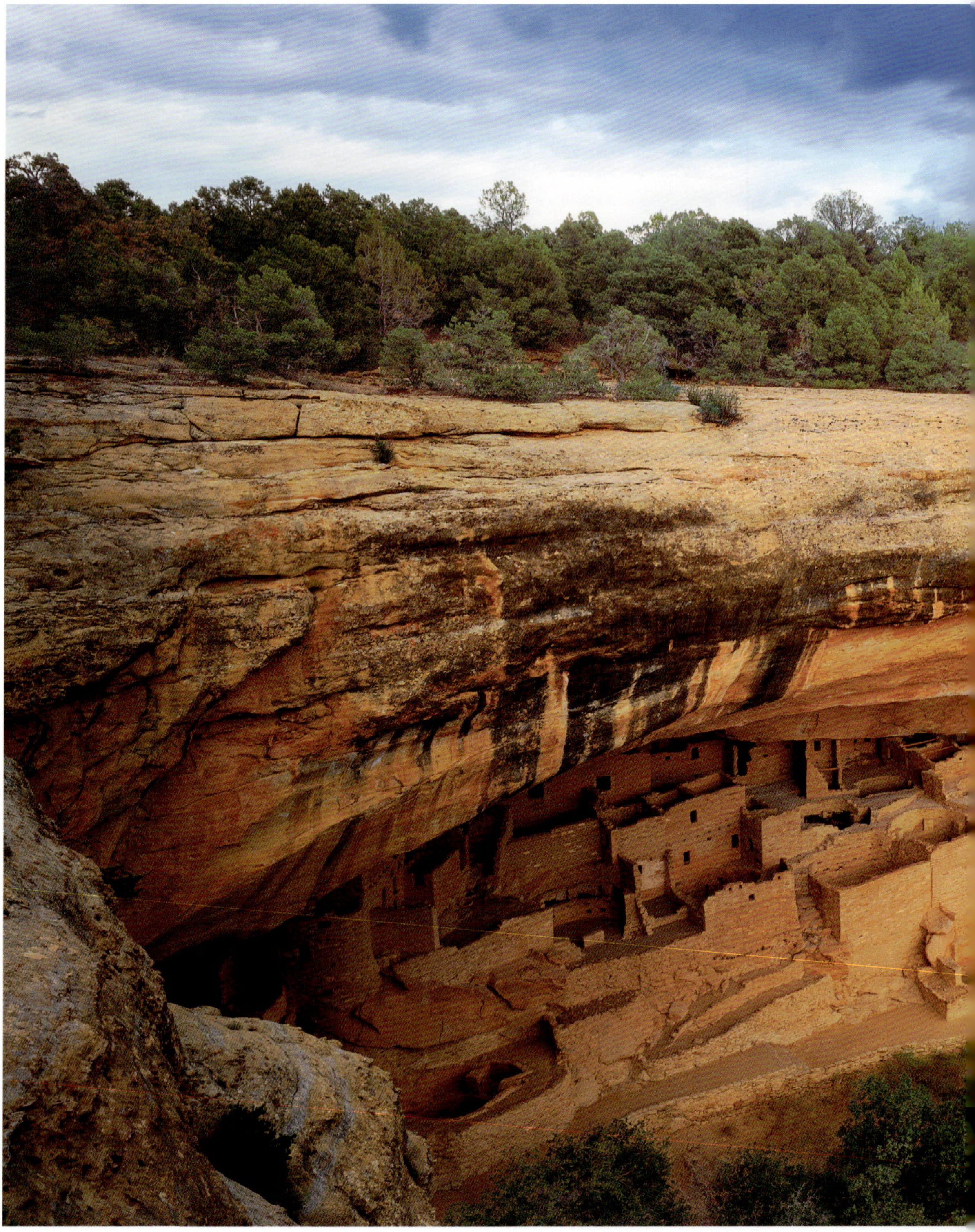

弗德台地国家公园的"峭壁之宫"名副其实：峭壁之上，顶岩之下，人们居住在150个房间和23个圆形的"基瓦"（北美原住民普韦布洛印第安人所使用的一种会堂式结构的地穴，他们在这里进行会面、举办典礼）中。这些砂岩建筑物仅用20年就修筑完毕了。

圣安东尼奥布道区

圣安东尼奥布道区曾是新西班牙总督辖区的前哨,同时也是向原住民布道的基地。

该布道区于18世纪由方济各会僧侣建成。布道区内不仅设有教堂和修道院,还建有农场和工场,劳动力主要由印第安人组成。圣安东尼奥布道区像其他在北美洲的西班牙布道区一样,其主要目的是使印第安人皈依天主教,并熟练掌握欧洲的栽培技术。历史学家推测,布道区为当地被殖民者从聚居地赶出并四分五裂的柯阿胡依勒太肯部落的人提供了庇护所。通过长期的共同生活,这里发展出了一个几乎能够自给自足的跨文化社群,比如印第安人和方济各会教徒共同在山羊牧场承担放牧的任务。布道的水源供给主要靠当地的一座高架渠实现。

▲ 作为西南地区殖民化的遗产,布道区见证了印第安文化和基督文化之间的丰富交流。

波弗蒂角纪念土冢

波弗蒂角纪念土冢坐落于路易斯安那州东北部,密西西比河的古河床上。它是前哥伦布时代最大和最古老的土木工程之一,也是高度发达的原住民文明的见证。

该建筑群建成于公元前1700—公元前1000年,其最壮观的组成部分是6面半圆形的土墙和5座人造山丘(被当地人称为"土墩")。土墙的内侧是面积为14公顷的露天广场,周围环绕着排列成圆形的柱穴。在建筑过程中,人们挖掘出共计约100万立方米的土壤。这些建筑的建造者属于古代晚期的渔猎采集文明群落,他们已经初步掌握了简单的陶艺技术,并拥有广阔的商贸网络,进行交易的内容包括但不限于罕见的石头、矿物和金属,这些物品的生产地可能远在几百千米之外。波弗蒂角融合了初级的狩猎文明、雄伟的土木工程和复杂的贸易关系,是北美洲前哥伦布时代文明发展重要阶段的见证者。

▲ 据推测,这个建筑群曾作为仪式场地使用。关于这里是否曾有定居点尚无定论。

卡霍基亚土丘历史遗址

一个曾经高度发达的文明如今已经完全衰落，仅留有伊利诺伊州西南部的卡霍基亚土丘历史遗址见证着沧海桑田。

考古学家在圣路易斯东北部发现了墨西哥北部最大的前哥伦布文明定居点的痕迹。1050—1150年，该文明处于鼎盛时期，定居点内可能曾生活着1—2万位居民。定居点内120个堆起的土丘（人们亲切地称之为"土墩"）或被用作墓地，或作为房屋的地基。为了抵御外部威胁，人们修建了防御外墙，并用木栅栏对定居点的内部核心进行加固。定居点周围有许多村庄和"卫星城"。土丘中最大的一座是占地5万平方米、高度超过30米的僧侣土丘。它也是墨西哥北部最大的前哥伦布时期建筑。关于这种文明的日常生活目前只有猜测。不过，这显然是一个高度发达的等级制的共同体，从事高产的农业劳动。部落首领自称"大太阳"。

▲ 曾用作仪式的僧侣土丘规模庞大。

猛犸洞穴国家公园（马默斯洞穴国家公园）

猛犸洞穴是世界上最大、分支最多的洞穴系统。洞穴通道为200多种动物提供了生存空间。

在肯塔基州格林里弗河畔的喀斯特地区，分岔丛生且绵延数百千米的洞穴通道将游客引向一个由石灰石构成的光怪陆离的地下世界。百万年间，不间断地从多孔的石头中滴下的水滴塑造了这一切。巨大的石穴、令人印象深刻的石笋、钟乳石以及结晶而成的石膏洞顶，都源于3亿多年前的石炭纪。水穿过可渗透的砂石层进入下面的石灰石层，在一系列的化学反应后，形成了洞穴，并在地下水下降过程中变得干燥。接下来，富含矿物质的水滴落下来，形成了柱状的方解石。此外，在猛犸洞穴中还生活着许多不常见的动物，例如洞穴盲鱼、肯塔基洞穴蟹和洞穴蟋蟀等。这里还是多种蝾螈、蛙类以及一些濒危蝙蝠的家园。

▲ 地下的"窗帘屋"是参观猛犸洞穴国家公园中钟乳石洞穴的起点。

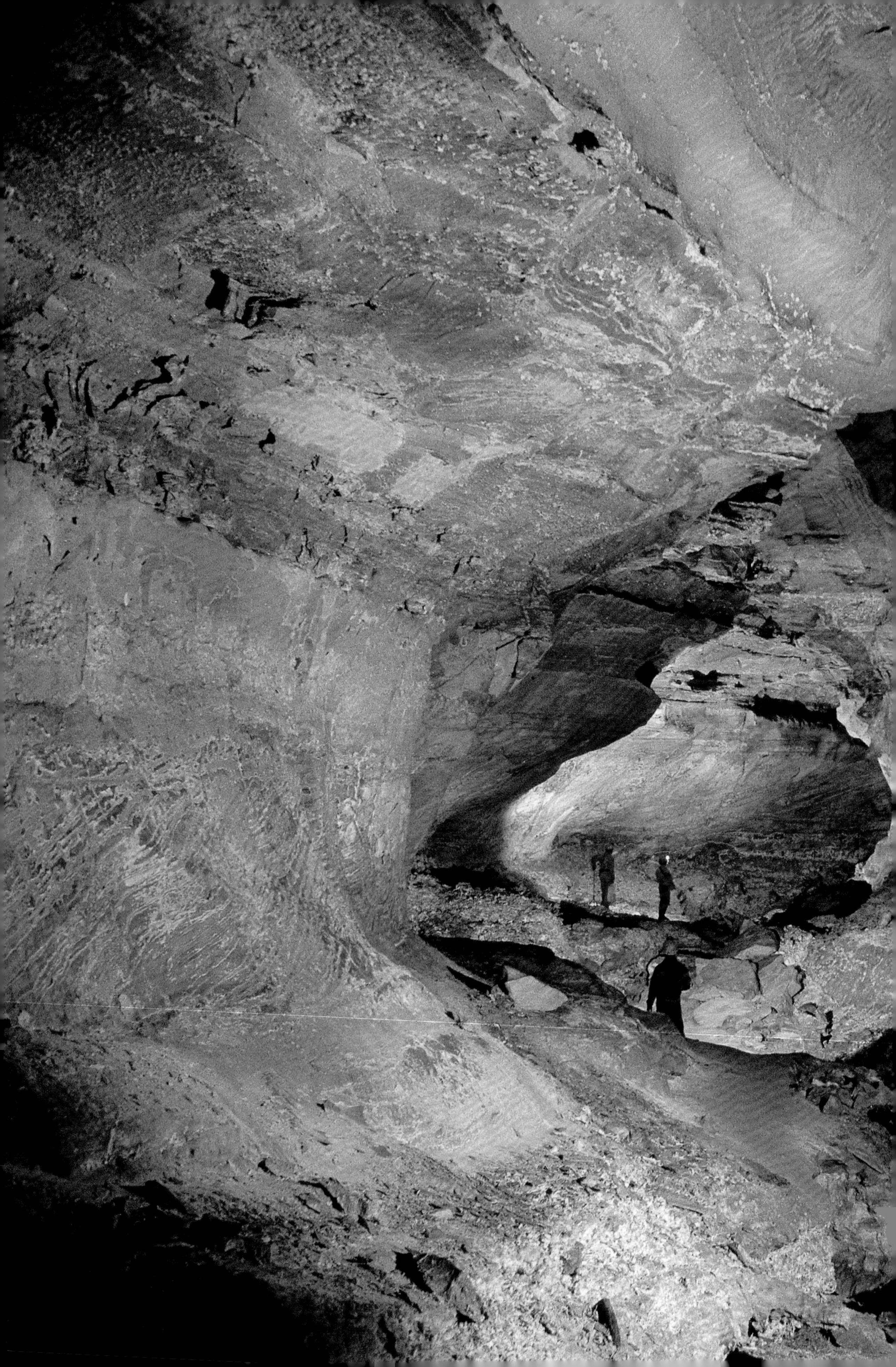

巨大的猛犸洞穴位于肯塔基州南部，在它的映衬下，入口处这些洞穴探险者的剪影显得十分渺小。洞穴中的石笋、钟乳石还有结晶而成的石膏洞顶均形成于3亿多年前的石炭纪。

▲ 园内景观。

大雾山国家公园

大雾山国家公园建于 1934 年，位于北卡罗来纳州和田纳西州交界处的阿巴拉契亚山脉南部，面积达 21 万公顷。得益于国家公园的建立，这里的原始森林景观得以留存，园中动植物的多样性无与伦比。

公园得名于大雾山。大雾山大约有 2 亿年的历史，是世界上最古老的山脉之一，常笼罩于如烟一般的云雾之中。丰富的植被和大量的降水造就了当地潮湿的气候。公园在海拔 600—2000 米之间，分布着 5 种不同的森林类型，因此在紧密的空间内常有多种纬度的植被类型出现。公园中大约有 130 种针叶树和落叶树，包括橡树、枫树、栗树、松树、冷杉和云杉。超过 1500 种开花植物在园中茁壮成长。这里的动物种类也非常丰富，包括黑熊、白尾鹿、负鼠、水獭、臭鼬、野猪以及多种鸟类和爬行动物。

▶ 这里有许多根据天气状况而出现的瀑布。

北美洲 047

蒙蒂塞洛和弗吉尼亚大学夏洛茨维尔分校

托马斯·杰斐逊不仅是《独立宣言》的主要起草者，还是一位建筑大师。

　　托马斯·杰斐逊历任弗吉尼亚州州长、驻法国大使、国务卿、副总统和总统，其丰富的政治生涯显然不能充分体现他全方位的才华。于是他在弗吉尼亚州夏洛茨维尔附近的种植园里，按照自己的规划建造了乡村别墅蒙蒂塞洛。他的灵感来自帕拉弟奥于16世纪在维琴察建造的卡普拉别墅。由此，意大利古典主义第一次来到了弗吉尼亚州。一条小路穿过公园通向八角形圆顶的砖砌别墅。室内装潢以功能性为特点。1819年，弗吉尼亚大学在杰斐逊的推动下建成。大学的建筑也是杰斐逊在本杰明·拉特罗布协助下以古典主义风格设计的。主体建筑是以罗马万神殿为模板的圆形大厅，校园内的教学楼和生活区分布在它的四周。

▲ 弗吉尼亚大学夏洛茨维尔分校的核心区域是校园南部的老学术村。

费城独立大厅

在费城的这座红砖楼里,先后签署过《独立宣言》和《美利坚合众国宪法》。它们是新国家诞生的证明,也是自由和民主不可或缺的基础。

"我们认为这些真理是不言而喻的:人人生而平等,造物者赋予他们若干不可剥夺的权利,其中包括生命权、自由权和追求幸福的权利。"随着托马斯·杰斐逊等人发表了《独立宣言》,美利坚合众国于1776年7月4日在栗树街上的一座二层楼中被写入世界历史:13个殖民地宣布脱离英国。1787年,美国的国父们在费城独立大厅通过了《美利坚合众国宪法》。在1790—1800年,费城是年轻的联邦的首府。1774年,在木匠厅中召开的首届大陆会议标志着独立战争的爆发。这场为自由而战的战争中最为人所知的象征——自由钟,如今挂在费城独立大厅外。

▲ 1753年建成的独立大厅起初作为宾夕法尼亚州众议院所在地,是一座乔治亚风格的建筑。后于1776年成为美利坚合众国的诞生地。

自由女神像

120多年来,自由女神在纽约的海港入口迎接着乘船而来的旅客。对于数以百万的移民者来说,自由女神象征着自由生活的希望。

1865年,在巴黎的一个晚宴上,政治活动家爱德华·勒内·勒菲弗·德拉布莱和雕塑家德尔·比尔德豪尔·弗雷德里克·奥古斯特·巴托尔迪猛烈地抨击了拿破仑三世。他们想要激怒这位自大的当权者,于是他们想到一个主意,给美国人送去一座雕像。在参考了罗得岛太阳神铜像后,他们决定制作一尊女性雕像,将其分成多个部分用箱子运往美国。1886年10月28日,自由女神像在纽约港揭幕,美国总统格罗弗·克利夫兰热情地发表了开幕讲话。雕像高46.05米,头围3.05米(从一只耳朵到另一只耳朵),有着2.44米长的食指和1.37米长的鼻子——其尺寸并非基于人体真实的比例。衣服下隐藏着古斯塔夫·埃菲尔设计的钢筋支架。仅混凝土基座就重达2.7万吨。雕像的象征意义同样重要:她的脚上残留着被挣断的锁链,左手拿着一块书板,上面刻有美国《独立宣言》发表日期(1776年7月4日)的字样。

▲ 在曼哈顿南角西南部的自由岛上,自由女神像迎接着纽约的游客。

一生必去的世界遗产：走进美洲

"把你们的那些人给我吧,那些穷苦的人,那些疲惫的人,那些蜷缩在一起渴望自由呼吸的人,那些被你们富饶的彼岸抛弃的、无家可归、颠沛流离的人,把他们交给我。我在这金门之侧,举灯相迎!"——自由女神问候着纽约港的来客。在她的罩衣之下,隐藏着古斯塔夫·埃菲尔设计的钢筋支架。

大沼泽地国家公园

佛罗里达州南部的红树林和富含海藻的沼泽地构成了独特的生态系统,是众多动植物的庇护所,同时也吸引着八方来客。

▲ 公园中生活的佛罗里达豹一度被认为已经灭绝,因而如今受到特别保护。

　　大沼泽地国家公园成立于1947年,是北美洲唯一的亚热带自然保护区,面积为6100平方千米。公园包括大沼泽地的南部地区。这片区域是一个泛洪区,在干湿季节的交替作用下,形成了差异极大的不同生态环境:咸水沼泽,礁石(小岛),长有玉兰、龙舌兰和仙人掌的海岸区,红树林沼泽的咸淡水混合区,大沼泽地柏树沼泽(宽阔的草滩),被树木覆盖的石灰石岛以及松林。鉴于栖息地的多样性,该地区生活着种类丰富的野生动物便也不足为奇了,其中不乏佛罗里达豹、海豚、海牛、海龟、蛇、短吻鳄和鳄鱼。海岸附近的红树林为众多微生物、两栖动物、蜗牛和鱼类提供了理想的栖息地。沼泽地里总共有大约1000种植物和700种动物。然而,由于邻近城市的饮用水需求量不断增加,这里的生物多样性日益受到威胁。

▶ 落羽松从水中长出，并形成了用于供氧的呼吸根。沼泽地为许多在其他地区濒临灭绝的动物提供了理想的生活环境，如雪鹭（中图）和密西西比鳄（下图）。

波多黎各的古堡与圣胡安历史遗址

圣胡安是波多黎各的首府。波多黎各的全称是波多黎各自治邦，位于加勒比海的大安的列斯群岛东部。

▲ 加勒比海冲刷着守卫圣胡安港入口的圣费利佩—德莫罗堡垒。

这座风景如画的城市被一座大型防御工事所包围，几个世纪以来，人们认为它是坚不可摧的。岛屿东北端有一座巨大的堡垒雄踞于海面之上，以其40米高的围墙控制着海港，圣胡安的城市和海港对于西班牙殖民者的重要性可见一斑。这座雄伟的堡垒由四部分组成：第一部分是要塞，也称作"圣卡塔利纳宫"，自1822年以来一直是波多黎各总督的所在地；圣费利佩—德莫罗堡垒位于港口入口处，它是整个建筑群中最引人注目的部分；较小的堡垒圣胡安—德拉克鲁斯，出于战略考虑而建在圣费利佩—德莫罗堡垒的前方；第四座堡垒圣克里斯托瓦尔则用于保护要塞免受来自陆地的攻击。然而，诸多努力却无法阻止波多黎各在1898年美西战争结束时被和平移交给美国。

▼ 圣胡安港的入口。

帕帕哈瑙莫夸基亚国家海洋保护区

帕帕哈瑙莫夸基亚国家海洋保护区对生态系统和夏威夷原住民的精神生活具有极其重要的意义。因此，该保护区同时属于自然遗产和文化遗产。

▲ 作为世界第二大海洋保护区，每年都有数百只海龟来到这里产卵。

  帕帕哈瑙莫夸基亚国家海洋保护区位于夏威夷西北部，占地近 36.2 万平方千米——比德国的国土面积还要大。除公海外，保护区还包括环礁、潟湖、珊瑚礁及一些略高出海平面的岛屿。帕帕哈瑙莫夸基亚是大约 7000 种动植物的家园，其中有一些是当地特有的，还有许多动植物已濒临灭绝。有些岛屿对于波利尼西亚文化来说具有特殊意义。根据当地居民的传统宗教信仰，帕帕哈瑙莫夸基亚是所有生命的摇篮，也是死后灵魂的归属地。此外，在尼华岛和马库马纳马纳岛上，人们还发现了久远的定居点遗迹。这些定居点在欧洲人上岛之前就已经存在。

夏威夷火山群国家公园

再也没有比夏威夷的"大岛"更适合观察火山的地方了。夏威夷火山群国家公园拥有世界上最活跃的两座火山。直到今天，来自地球内部的熔岩依然在此冲出地表，涌入大海。

主岛东南岸的莫纳罗亚火山（约 4170 米）和基拉韦厄火山（近 1250 米）凭借其喷发出的熔岩不断地重塑着地貌。这两座活火山在相对较短的时间间隔内喷出火热的熔岩，熔岩注入大海，在过去的 30 年间使岛屿面积扩大了 81 公顷。部分熔岩从熔岩隧道中流出。在传统迷信中，火山喷发象征着夏威夷火神兼火山女神佩莱在发泄心中的愤懑。对于地质学家而言，火山喷发不仅是一个令人叹为观止的宏大的自然奇观，还是重要的研究对象。莫纳罗亚火山是随着时间的推移，由一层又一层凝固的熔岩构成的。活火山基拉韦厄的山坡上生长着不同形式的火山植被。

▲▶ 传统迷信中认为，火山喷发是夏威夷火神兼火山女神佩莱在发泄心中的愤懑。

北美洲 057

◀ 蒂卡尔国家公园位于危地马拉东北部,是玛雅文化最著名的遗址之一。

▼ 墨西哥这处位于加利福尼亚湾中的世界遗产包括244座岛屿,动植物种类繁多。当地的蓝脚鲣鸟是动物界中最奇妙的物种之一。

中美洲

墨西哥

皮纳卡特和阿尔塔大沙漠生物圈保护区

该生物圈保护区包括多种沙漠生态系统，如带有火山口的黑色熔岩平原、高耸的移动沙丘以及花岗岩山丘等。

北美洲有四大沙漠，分别是奇瓦瓦沙漠、大盆地沙漠、莫哈韦沙漠和索诺兰沙漠，索诺兰沙漠因一种名为"萨瓜罗"的巨柱仙人掌而闻名，其中部分区域属于皮纳卡特和阿尔塔大沙漠生物圈保护区。该保护区由两个不同类型的景观构成。皮纳卡特火山区中的火山目前并不活跃，区域中包括黑色和红色熔岩平原，地质现象多样，如小型盾状火山等。最引人注目的是这里的 10 个火山口，它们是地下水与炽热岩浆接触导致水蒸气爆炸而形成的。西面朝向科罗拉多州与加利福尼亚湾的阿尔塔大沙漠中有高达 200 米的沙丘。其间有多个高达 650 米的花岗岩山脉。该世界自然遗产中记录有 540 种显花植物、200 种鸟类，甚至还有两种当地特有的淡水鱼类。

▲ 该地区的植物以仙人掌为主，图为名为"萨瓜罗"的巨柱仙人掌。

大卡萨斯的帕魁姆考古区

该遗址位于墨西哥北部的奇瓦瓦州，对考古学家而言是一个未解之谜。它本是一处定居点，在 14—15 世纪经历了鼎盛时期，却在征服者到来前遭到废弃，原因至今未明。

这个占地 60 公顷的遗址沿着大卡萨斯河的西岸延伸。在曾经居住于此的人们之间形成了一种绿洲文化（"美国绿洲"），这种文化也曾存在于如今的美国新墨西哥州和亚利桑那州。遗址中发现的陶瓷使人们猜测，此处与墨西哥北部及美国西南部的莫戈萨文化有着紧密联系。在这些地方与帕魁姆都可以看见由风干黏土砖建成的多层住宅（黏土屋）。晚期的建筑明显受到托尔特克建筑的影响。帕魁姆是北美洲和中美洲文化最重要的交汇地之一。当西班牙征服者在 16 世纪占领墨西哥时，这座城市已经荒废。人们至今仍未找出该文化消亡的原因。

▲ 在大卡萨斯的帕魁姆考古区，可以清晰地看见立方体形状的建筑。

埃尔比斯开诺鲸鱼保护区

每年都有无数灰鲸来到保护区的沿海潟湖中进行交配和繁衍后代。

这片独一无二的海洋栖息地包括奥霍—德列夫雷湖和圣伊格纳西奥湖以及其他几个沿海湖泊，位于下加利福尼亚半岛的中部，沿着太平洋海岸区延伸。在每年12月到次年3月间，无数灰鲸在这里嬉闹，它们从夏季的栖息地白令海迁徙了大约8000千米来到这里。世界上约一半的灰鲸都降生于下加利福尼亚的水域中。现存的7种海龟中有5种都在这里出现，它们在此寻找宽阔的海岸产蛋。在近200种鸟类中有许多当地独有的鸟类，沿海区域对它们而言是重要的生存空间。每年有成千上万只候鸟来到这里过冬和繁殖。

▲ 除灰鲸外，在埃尔比斯开诺的海岸上还可以发现蓝鲸和自1996年起就被保护的座头鲸的身影。

圣弗朗西斯科山脉岩画

圣弗朗西斯科山脉距埃尔比斯开诺鲸鱼保护区不远，地势险峻，人迹罕至。山上的洞穴中藏有令人印象深刻的岩石绘画，它证明了下加利福尼亚半岛在西班牙人占领前就已经发展出了杰出的文化。

如今的下加利福尼亚半岛中部是一片贫瘠且少有人烟的荒漠地带。在前哥伦布时期，这里曾有过辉煌的文化，而现在已消失在历史的长河中。人们对于这片荒凉地带的前住民知之甚少，只有约公元前100年到公元1300年之间形成的壮观岩画证明了他们的存在。岩画的图案以人类和动物为主，图案的多样性令人叹为观止。洞穴的墙壁和顶部甚至绘有鲸鱼——在帕尔马里托洞穴和圣特雷莎峡谷洞穴中也同样如此。除了人物图像，还可以辨认出一些抽象题材的岩画。色彩丰富的巨型图画体现了高度纯熟的绘画技巧，绘画颜料源于研磨过的火山石。

▲ 岩画上的图案采用鲜艳的红色及棕色色调，例如图中圣特雷莎峡谷洞穴墙壁上的岩画。

加利福尼亚湾群岛及保护区

该世界遗产包括至少244个岛屿和海岸区。加利福尼亚湾的动植物种类极多,是研究生物多样性的天然实验室。

◂▾ 加利福尼亚湾群岛的景象由峭壁、海滩和碧绿色大海构成。

加利福尼亚湾是太平洋的临海,长约1100千米,宽90—130千米,位于墨西哥西海岸和下加利福尼亚半岛之间。共有9个地区被收录进保护区中,总面积约为1.8万平方千米,其中约3/4的面积为海洋区域。从北向南的受保护地区依次为加利福尼亚上湾和科罗拉多河三角洲、加利福尼亚湾群岛、圣佩德罗—马蒂尔海盆、埃尔比斯开诺、洛雷托湾国家公园、卡波普罗国家公园、卡波圣卢卡斯、玛利亚群岛和伊莎贝拉岛。加利福尼亚湾的保护区中有近200种鸟类、30多种海洋哺乳生物和约890种鱼类,其中有90种都是当地特有的。植物种群则包括无数的多肉和仙人掌,其中柱形仙人掌"武伦柱"高度可达25米。

▲ 从布法山顶远眺老城。

萨卡特卡斯老城

墨西哥中部拉普拉塔河中曾有一座大都市，这座城市算得上是新世界西班牙殖民时期建筑最美丽的见证之一。

西班牙征服者在寻找贵金属的过程中到达了海拔 2700 米高的布法山，后于 1546 年在当地建了一座城市。丰富的银矿资源使该定居点在 16 世纪和 17 世纪成为繁荣的经济中心，后来成为各修会进行大量传教活动的出发点。除了奢华的世俗建筑，这里还建有众多丘里格拉风格的教堂和修道院，这种风格是西班牙晚期巴洛克风格的一种极其奢华的变体。最杰出的宗教建筑是大教堂，它复杂的立面装饰展现了基督教和印第安纹饰学的结合。具有重要艺术史价值的还有圣多明各教堂以及圣奥古斯丁、圣弗朗西斯科、圣胡安迪奥斯等修道院建筑。源于 18 世纪和 19 世纪的其他公共建筑也昭示了城市早期的财富，例如恶夜宫、卡尔德隆剧院、总统宫、大水道桥。

▲ 1730—1760 年建成的大教堂是萨卡特卡斯老城的主要建筑。

皇家内陆大干线历史贸易路线

这条古老的白银大道将墨西哥的墨西哥城与美国新墨西哥州的城市圣菲连接起来，这样便可以将墨西哥矿山生产出的白银运往美国。这条贸易路线总长度为2600千米，其中已经有1400千米被列为世界文化遗产。

在西班牙人占领墨西哥后，对海外殖民地的扩张以及最大程度地进行资源剥削成为西班牙皇室的首要任务。为了实现这个目的，他们首先要利用当地的贸易路线，并自1598年起对这条路线进行拓宽和加固。被称为"皇家内陆大干线"的著名通道使得出口萨卡特卡斯、瓜纳华托和圣路易斯波托西矿山出产的白银以及进口美国的水银成为现实。在16世纪中叶到19世纪末的300年间，这条路线主要用于白银运输。同时，当地居民与西班牙人之间各式各样的接触也体现了贸易对社会、文化和宗教关系产生了积极影响。如今人们可以参观这条古老贸易路线上的部分遗迹，如燕子牧场。

▼ 图为圣菲附近燕子牧场的教堂和公墓。燕子牧场曾是皇家内陆大干线上的一个休息站。

龙舌兰景观和特基拉的古代工业设施

特基拉是龙舌兰酒的产地,这种十分受欢迎的酒精饮料是以这个地名来命名的。此地构成了以蓝色龙舌兰及其菠萝状内部制成的烈酒梅斯卡尔酒为特征的文化景观的核心。

该世界遗产地处特基拉死火山支脉与格兰德河之间,是广袤的蓝色龙舌兰生长地的一部分。该地区包括特基拉、阿雷纳角和阿马蒂坦的居住区及当地的大型酿酒厂,有的至今仍在运行。除此之外还有许多庄园,有的可以追溯到18世纪。烧酒酿造厂由烧制并风干的砖块建成,装饰有土黄色的灰泥、窗户和古典主义或巴洛克风格的图案。这里还有许多"棚屋",这是西班牙人时代非法酒厂的别称。此外,这个区域还有一些特基拉文化的考古遗址留存至今。

▲ 如今,龙舌兰酒仍由特基拉城市周围种植的蓝色龙舌兰制成。

瓜达拉哈拉的卡瓦尼亚斯救济所

该救济所最初是为了照顾需要救济之人而建立的,在当时,这种机构并不多见。救济所的教堂内收藏有墨西哥20世纪的壁画家何塞·克莱门特·奥罗斯科的重要壁画。

救济所位于墨西哥高原西部哈利斯科州的首府,由曼努埃尔·托尔萨在19世纪初设计而成。该建筑群一竣工便被誉为新古典主义建筑的杰作。救济所立面背后隐藏着23个被拱廊环绕的中庭以及无数的门廊。在规划和建造过程中,人们也考虑到残疾人和病人的需求,例如放弃了上层建筑,还采用了能够保障空间和采光的建筑方法。该建筑群长约165米、宽约145米,其中心建筑是一座小教堂,何塞·克莱门特·奥罗斯科的大型壁画就收藏于此。1938—1939年,他在这里创作的一幅壁画中用色彩丰富的图画讲述了墨西哥多变的历史。

▲ 小教堂的穹顶上藏有何塞·克莱门特·奥罗斯科创作的绘画《火人》。

瓜纳华托历史名城及周围矿藏

瓜纳华托位于墨西哥城西北方大约 400 千米处，是墨西哥中部的银矿城市之一，从城中众多宏伟的殖民时期巴洛克建筑中，可以一窥这座城市昔日拥有的惊人财富。

瓜纳华托海拔 2084 米，1548 年，西班牙人在这里发现了丰富的银矿，瓜纳华托自此开始蓬勃发展。这座城市后来的发展与其采矿的历史密不可分。矿山经营者的财富通过他们豪华的别墅得以体现。这里的教堂建筑也不失奢华，新古典主义风格的圣母大教堂抑或晚期巴洛克风格的方济各会圣地亚哥教堂都是不错的例子。孔帕尼亚教堂和瓦伦西亚教堂都是丘里格拉风格（墨西哥晚期巴洛克风格的西班牙变体）的杰作。老城的平面图也与其他城市不同：它并非呈矩形，而是呈现为狭窄街道构成的迷宫。这项世界遗产还包括历史悠久的矿山及其设施，其中就有"地狱之口"，即一处深入地面 600 米的矿井。

◀ 城市图景中最为突出的是 17 世纪晚期建成的瓜纳华托圣母大教堂。

圣米格尔—德阿连德的卫城和阿托托尼尔科的拿撒勒人耶稣圣殿

位于高原中央的圣米格尔—德阿连德的卫城和阿托托尼尔科的拿撒勒人耶稣圣殿是16—19世纪墨西哥建筑的杰出典范。

1542年左右,方济各会修士胡安·圣米格尔建立了这座以他的名字命名的城市,该城市是皇家内陆大干线,即通往圣菲的白银大道上的一个重要站点,也是一个重要的贸易据点。圣米格尔在争取墨西哥独立的斗争中也发挥了关键作用。为了纪念这位民族英雄,该城市在1826年改名为圣米格尔—德阿连德。城市的文化黄金时代始于16世纪末并一直持续到18世纪,众多巴洛克和新古典主义的建筑和教堂便是力证。位于圣米格尔—德阿连德前方15千米处的阿托托尼尔科的拿撒勒人耶稣圣殿源自18世纪,是新西班牙最杰出的巴洛克建筑之一。其内部装饰有胡安·罗德里格斯·华雷斯的油画和艺术家米格尔·安东尼奥·马丁内斯·德·波卡桑格雷的壁画。

▲ 拿撒勒人耶稣圣殿的巴洛克式墙壁装饰令人印象深刻。

▲ 鸟瞰圣米格尔—德阿连德。

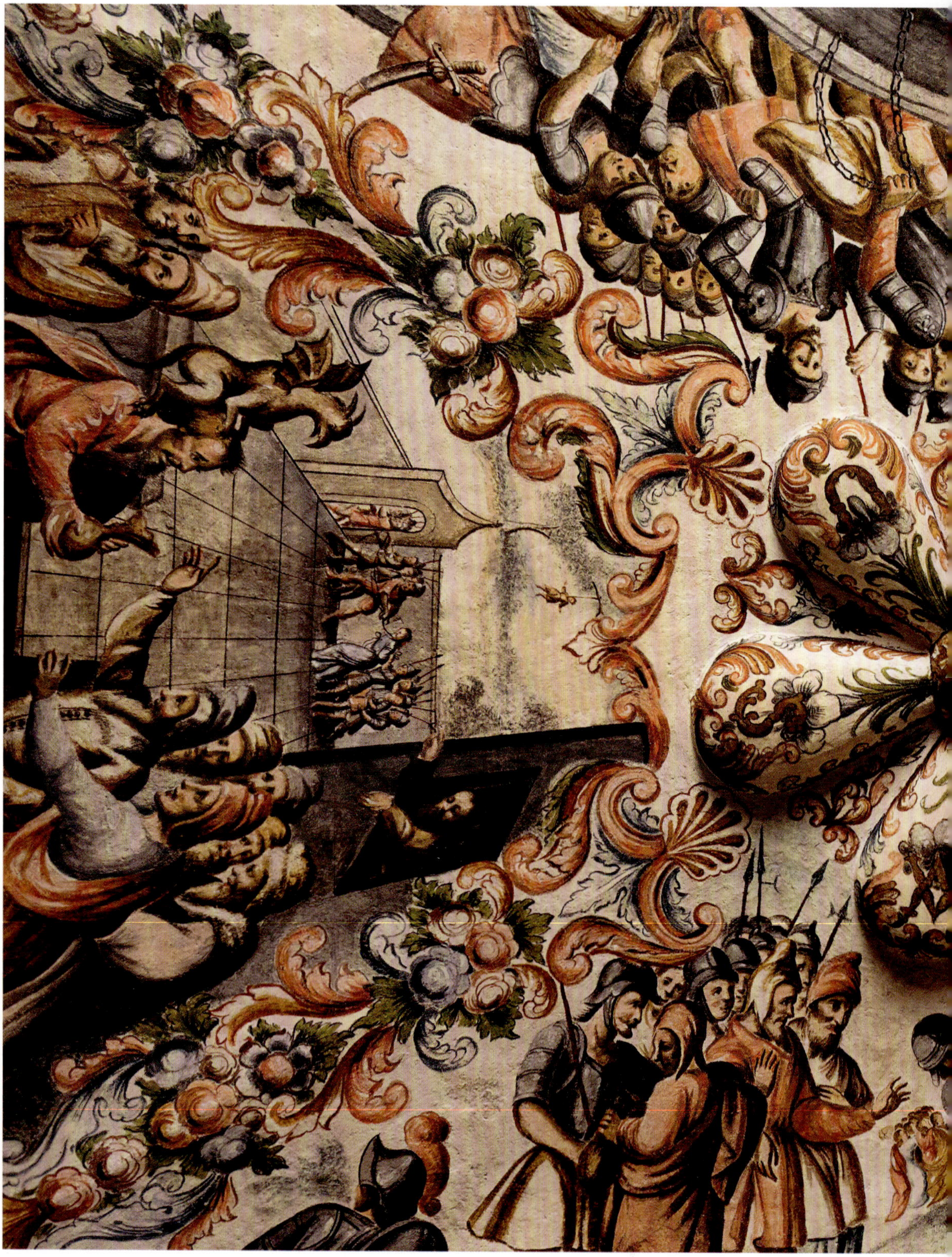

中美洲 069

尽管从外观上来看，阿托托尼尔科的拿撒勒人耶稣圣殿十分朴素，但它的内部相当壮观：绮丽的壁画遍布墙壁和穹顶（下图左侧：把银币还给大祭司们的犹大），令人印象深刻。

克雷塔罗历史建筑区

克雷塔罗在其城市规划上很好地保留了印第安人和西班牙占领者的居住模式和传统。受保护的世界遗产包括200多个街区以及大约1400处遗迹。

克雷塔罗位于墨西哥城西北方向约250千米处，南北中轴线将城市划分为一个带有矩形街道网络的西班牙区域以及一个深受奥米人、塔拉斯科人、奇奇梅克人等原住民影响的不规则区域。克雷塔罗历史中心有着众多源自17—19世纪的殖民建筑和广场。奥布雷贡公园旁边的圣弗朗西斯科教堂始建于17世纪，是方济各会的修道院，如今这里是城市博物馆。为了纪念西班牙人征服这个前哥伦布时期城市，人们建立了圣克鲁斯修道院教堂。这里杰出的建筑还包括以巴洛克风格建造的圣罗莎和圣克拉拉修道院。在武器广场和克雷吉德多拉公园四周围绕着巴洛克风格的宫殿。1000米长的水道桥十分壮观。

◀ 克雷塔罗之前的修道院和教堂，如圣克鲁斯修道院教堂，都是天主教曾经对城市的影响的见证。

克雷塔罗的谢拉戈达修道院

墨西哥城以北约250千米处分布着5处源于18世纪下半叶的方济各会修道院。这几处修道院的外立面因印第安人也参与了建造而意义非凡。

1750年左右，方济各会修士胡尼佩罗·塞拉来到克雷塔罗州东部崎岖的谢拉戈达山脉，向印第安人传播福音。当时，每次传教都必须建立一座教堂，争取让当地人成为信众并让他们在教堂周围定居。真正的基督教化之后才正式开始。方济各会修士十分圆满地完成了任务，在短短几年间便创建了5个传教点：圣地亚哥·德哈尔潘修道院、圣玛利亚·德尔阿瓜·德兰达修道院、圣弗朗西斯科·德尔·巴列·德提拉科修道院、努埃斯特拉塞诺拉·德拉卢斯·坦可约修道院和圣米格尔·孔卡修道院。因为人们大多数时候都聚集在教堂外面，所以传教教堂外立面的雕刻十分华丽精细。装饰元素有天使、神灵纹饰和植物图案，它们的造型体现了基督教化最后阶段欧洲文化与印第安文化之间的碰撞。

▲ 自1761年开始建造的马塔莫罗斯的圣玛利亚·德尔阿瓜·德兰达修道院是谢拉戈达的5座传教修道院之一。

埃尔塔津古城

这座遗址被认为是托托纳克文化的遗迹，位于韦拉克鲁斯的丛林中，在普埃布拉东北约 150 千米处。

　　这里最吸引人的是壁龛金字塔和数个球场。最近的研究表明，古城历史可以追溯到 2 世纪。这片土地上的发掘成果证明了其与特奥蒂瓦坎的密切关系。在特奥蒂瓦坎于 800 年左右逐渐衰落后，埃尔塔津迎来了它的鼎盛时期。1200 年左右，这个地区受到墨西哥特诺奇蒂特兰文化的影响，埃尔塔津古城遭到摧毁和废弃。古城可以分为 3 个地区："大城""小城"和圆柱馆。它们的中心都是一个矩形或梯形的广场，广场周围环绕着金字塔建筑。最著名的是献给雨神和风神的六层壁龛金字塔。该金字塔原本有 365 个装饰繁复的壁龛，人们猜测其与天文历法有关。古城最大的建筑是一个高约 45 米的圆柱馆。"小城"曾可能是托托纳克神圣的球类游戏的中心。

▼ 几座阶梯金字塔围绕着古城地区，其中最重要的是壁龛金字塔。

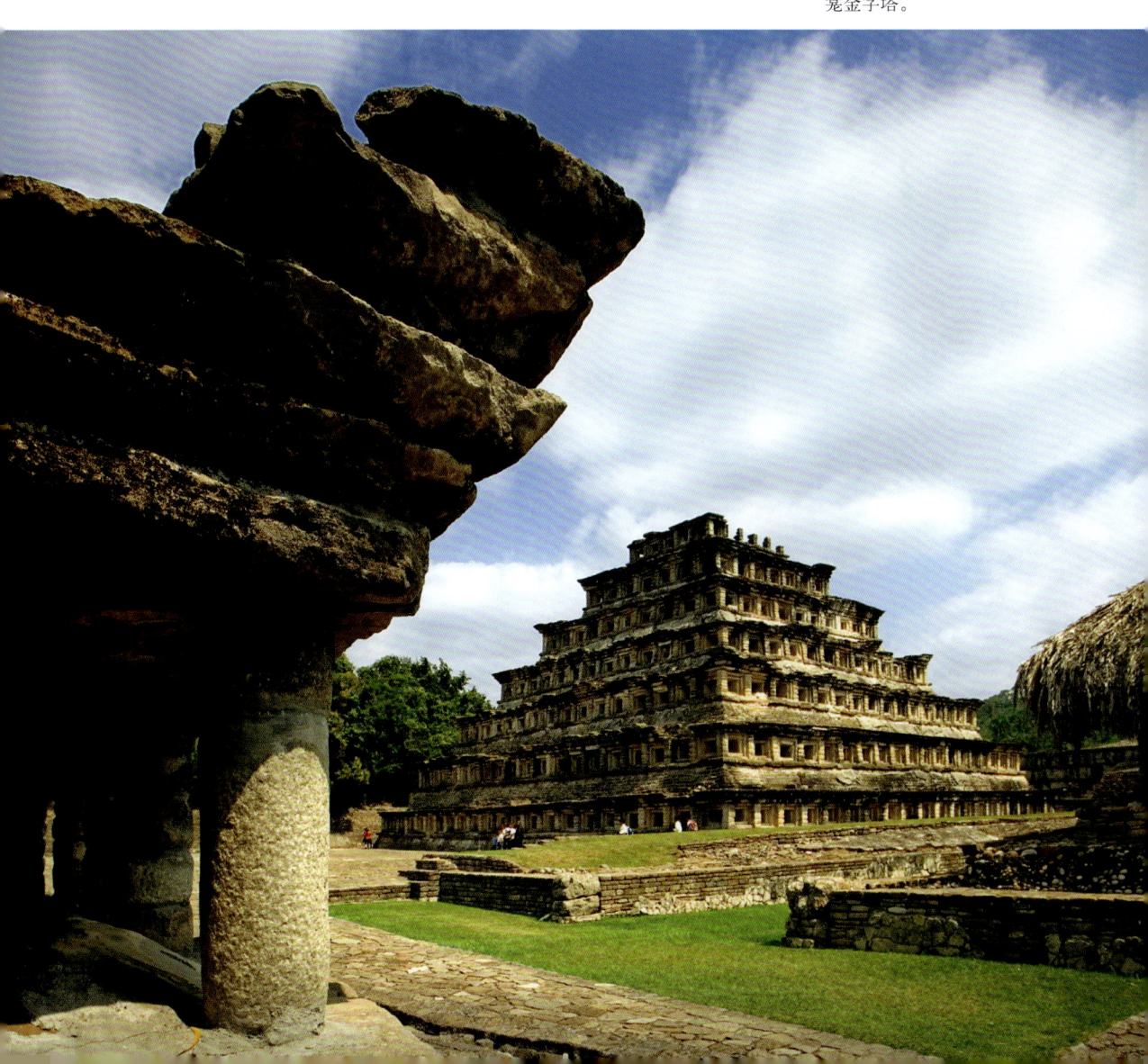

腾布里克神父水道桥

以方济各会修士腾布里克神父命名的水道桥建于 1553—1570 年，位于墨西哥中部的高原上。

直至今日，它依然被人称作建筑和工程艺术的杰作。水道桥在森波阿拉和奥图巴两个城市之间绵延约 48 千米。水道穿过峡谷和河谷，也有部分位于地下或地表。建造水道桥时，方济各会修士得到了当地建筑师的支持。中美洲几个世纪以来一直使用的黏土砖可能追溯至此。据说，总共有 400 多人参与了建造，他们都来自附近村庄。方济各会修士从古希腊罗马时期的范例中受到启发，创新设计出这种三拱廊的结构。主拱廊跨越了特佩亚瓦尔科附近的帕帕洛特河峡谷，由 67 个半圆拱构成。这个拱廊中最高的半圆拱接近 40 米，是所有水道桥中最高的。该水道桥是灌溉系统的一部分，灌溉系统的其他设施还包括井、收集槽和水箱。

▲ 水道桥是欧洲建筑工艺与前哥伦布时期建筑工艺相结合的成功之作。

莫雷利亚历史中心

莫雷利亚最早被称为"巴亚多利德",其古城是美洲保存至今的殖民时代的城市建筑群中最美丽、历史最悠久的古城之一。城中200多座古老的房屋都是用粉色的石头建成的,它们为这座城市带来一抹独特的气息。

在新西班牙第一任总督于1541年建城后不久,这座位于墨西哥城西面约250千米处的米却肯州首府迅速发展。1546年,第一座教堂——圣弗朗西斯科教堂落成,这是一座文艺复兴风格的教堂。随后修建的圣方济修道院,其南侧如今是一座手工艺品博物馆。之后这里又陆续建造了20多座教堂,值得一提的除了设有丘里格拉风格祭坛的巴洛克风格教堂圣罗莎德利马教堂,还有1660—1774年在广场中心东侧建成的莫雷利亚大教堂。大教堂带有巴洛克风格双塔立面,其穹顶为蓝白色,是城中心最高大、醒目的建筑。老城中有200多个历史建筑及多个学院,这些建筑见证了莫雷利亚作为文化中心的重要地位。莫雷利亚在独立斗争中也发挥了重要作用。米格尔·伊达尔戈曾在此地为独立事业奋斗,城市则得名于当地的独立斗士何塞·马里亚·莫雷洛斯。城中的两座博物馆记录了神职人员在反抗西班牙人的斗争中做出的贡献。

▲ 莫雷利亚正义宫的内廷。该建筑建于17世纪,位于莫雷利亚历史中心的核心位置。

黑脉金斑蝶(帝王蝶)生物圈保护区

黑脉金斑蝶生物圈保护区位于墨西哥城西北方约100千米处,地处墨西哥森林山区,每年有上百万只黑脉金斑蝶来到这里过冬。

这个占地约56公顷的生物圈保护区位于海拔3000米处,因黑脉金斑蝶而得名,这种蝴蝶在秋天会从加拿大和美国北部地区向南方迁徙约4000千米来到该保护区度过寒冷的冬天。因此,每年此时在崎岖的岩石之间都会出现一幅迷人的自然景观:不计其数的黑脉金斑蝶蜂拥而至,将保护区内的景观渲染成橙黄色。黑脉金斑蝶的繁衍周期颇为独特:它们在北美洲破茧成蝶,然后迁徙至墨西哥度过冬季的蛰伏期,并在春天返回家乡,直到第5代蝴蝶才再次回到墨西哥。黑脉金斑蝶生物圈保护区成立于20世纪80年代,旨在保护蝴蝶栖息地免受城市不断扩张和森林减少的影响。

▲ 黑脉金斑蝶的翅膀以橙色为主色调,带有黑白色斑纹。

074　一生必去的世界遗产：走进美洲

巴洛克风格的瓜达卢佩圣母教堂建于 1708—1716 年。教堂红、粉、金三色的华丽内饰则完成于 1915 年，是当地艺术家华金·奥尔塔的精心之作。

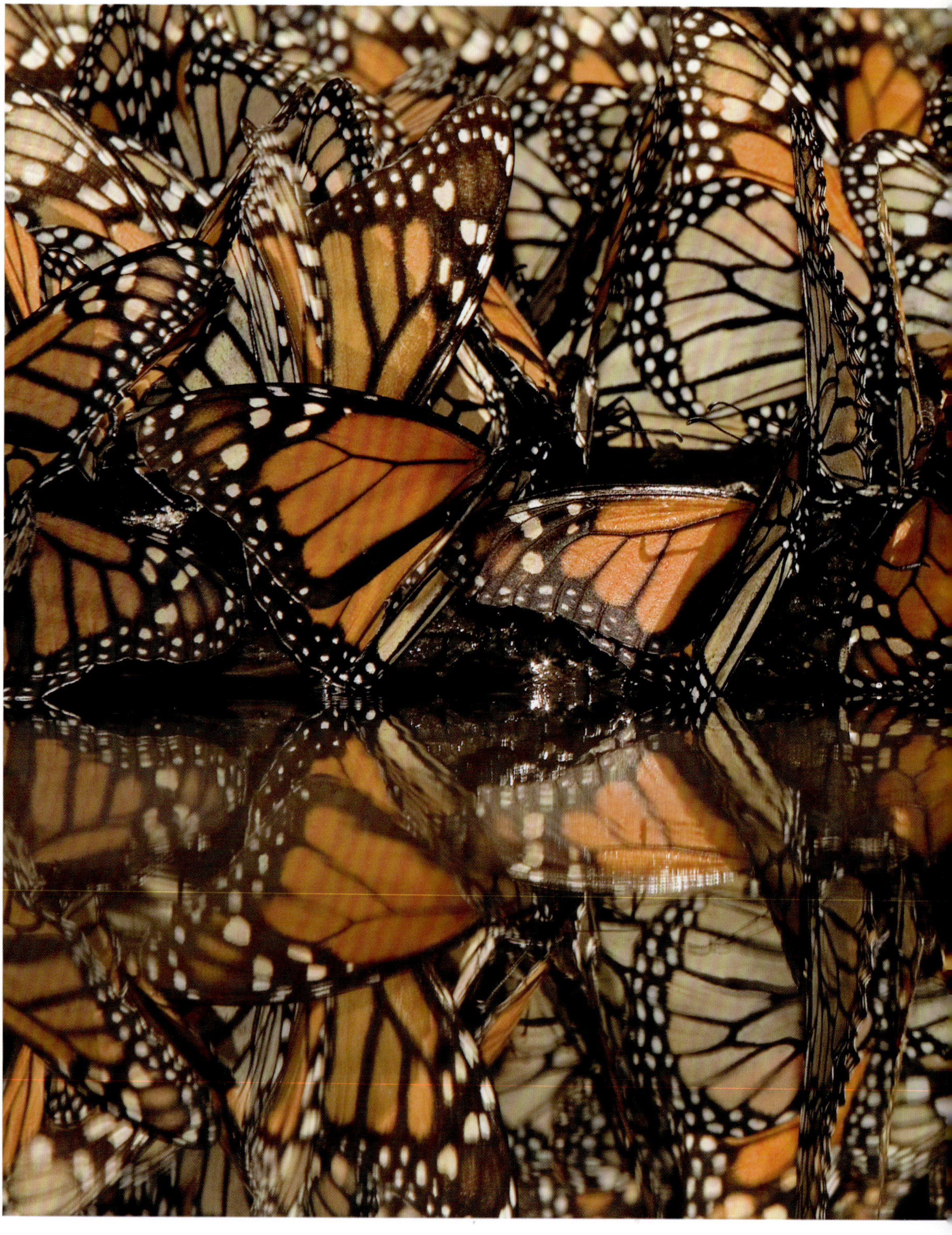

数百万只蝴蝶在这片保护区内构筑了过冬的家园。它们会成群结队地聚居于树干上的背风处，只有饮水的时候才会飞到地上的水洼中。

特奥蒂瓦坎古城

特奥蒂瓦坎位于墨西哥城东北约 50 千米处，是中美洲最重要的遗址之一。

当阿兹特克人在 14 世纪发现这座巨大的城市建筑群时，它已经荒废了 700 多年。至今仍得以保存的主要建筑核心区域以及中间的南北轴线，大约形成于公元前 200 年。奎扎科特尔神庙和宏伟的金字塔大约建成于这之后 200 到 300 年。350 年左右，城中大约有 15 万居民，是当时美洲最大的城市。城市的财富主要得益于黑曜岩加工业。黑曜岩是一种火山岩，可以用于制造工具。7 世纪时，这座城市开始衰落，并于 750 年左右被彻底废弃。除了 40 米宽、2000 多米长的黄泉大道，最重要的建筑还包括约 65 米高的太阳金字塔、较小一些的月亮金字塔以及羽蛇神庙。藏有壁画和石雕的神鸟宫得到了细致的修复，除此之外，古城中的杰出建筑还有亚亚瓦拉宫、扎库阿拉宫和特潘蒂特拉宫。

▲ 从月亮金字塔眺望，可以看见通往太阳金字塔的黄泉大道。

路易斯·巴拉甘的故居和工作室

路易斯·巴拉甘是20世纪最杰出、最特立独行的建筑家之一。

　　他最杰出的作品之一是他位于墨西哥城近郊塔库瓦亚的住宅和工作室。1902年，路易斯·巴拉甘出生于墨西哥的瓜达拉哈拉。他最初学习工程学，后来自学成为建筑师。在巴黎生活期间，他师从勒科比西耶，并深受北非的建筑学、墨西哥的民俗传统和美国的简约风格影响。1936年，巴拉甘定居墨西哥城。在这里，他形成了自己独特的个人风格，在建筑中将几何图形与自然景观相结合。因此，他以"景观建筑师"自居。1980年，他获得建筑界最负盛名的奖项——普里茨克奖。他本人到逝世为止的住宅和工作地点——巴拉甘之家于1948年建成。这座混凝土建筑内部色彩层次炫酷、光影效果精巧、空间划分别出心裁，令人惊叹不已。

▲ 路易斯·巴拉甘这座不同寻常的住宅中采用了严格的几何划分，极具标志性。

墨西哥国立自治大学大学城的核心校区

墨西哥国立自治大学是美洲大陆上最古老、规模最大的学校之一。

　　这个集楼房、体育设施、开阔地和道路于一身的建筑群是拉丁美洲现代建筑的杰出典范之一。这所拉丁美洲第一所大学成立于1551年，直到1929年获得自治地位之前，其建筑一直分散在市中心各处。20世纪30年代，人们制订了把所有研究所集合到同一地点的计划，该计划于1949—1952年得以实施。马里奥·帕尼和恩里克·德尔莫拉尔两位建筑师完成了建筑的总体规划，在兼顾当时流行的建筑风格的同时，注重将当地习俗和建材融入其中。有60多位建筑师和造型艺术家参与了设计。值得一提的是，所有的楼房四周都是开放空间。

▲ 胡安·奥戈尔曼图书馆的设计令人难忘，是艺术与建筑的精妙结合。

墨西哥城与霍奇米尔科历史中心

阿兹特克人的遗产与西班牙人的遗产在这个大都市中密不可分，交相辉映。

这项世界遗产由两个相互独立的区域组成，两种文化的建筑都在其中。阿兹特克人于1370年左右建立了他们的都城特诺奇蒂特兰，其中心是由巨大的金字塔和神庙建筑构成的祭祀中心。1521年，西班牙征服者摧毁了特诺奇蒂特兰，并在废墟上建立了墨西哥城。如今市中心主广场周围矗立着几座最重要的历史建筑。马约尔神庙是阿兹特克时代最重要的遗迹；国家宫是如今的总统官邸；拉丁美洲最大的教堂建筑——圣多明各大教堂集文艺复兴时期到古典主义时期的各建筑风格于一身。1904年建成的国家美术宫如今是墨西哥最重要的文化艺术中心。墨西哥城南部的霍奇米尔科"水上花园"则是对曾经阿兹特克"水乡泽国"的一角留存。

▲ 霍奇米尔科的"水上花园"。

▼ 广场北侧是大教堂。

霍奇卡尔科考古遗址

霍奇卡尔科位于墨西哥城南部 100 千米的库埃纳瓦卡附近，是一处源于前哥伦布时代的城市遗迹。在特奥蒂瓦坎衰落后，霍奇卡尔科于后古典时代崛起，并进入鼎盛时期。

霍奇卡尔科设有防御型城墙，曾是重要的政治和文化中心，不同文化都在城里留下了印记。考古遗址由3层不同的景观构成。最表层是人工堆积平台上的中央广场，可以通过两个入口柱廊进入。遗址中央矗立着两座金字塔，是举行祭祀活动的场所。其中一座为羽蛇神庙，得名于环绕建筑物的巨大蛇形浮雕。其间端坐的人物形象以及3座石柱颇具玛雅文明的神韵。20座圆形祭坛和1座方形祭坛是祭祀年表的象征，与当时的历法系统息息相关。迄今为止，人们尚不能确定霍奇卡尔科应归为哪种

▲ 被蛇缠绕的人类形象装饰着羽蛇神庙的基座。

文明。10世纪时，这座城市遭到废弃，从此逐渐走向衰落。

波波卡特佩特山坡上最早的 16 世纪修道院

在波波卡特佩特火山山坡上建造修道院，是方济各会、多明我会、奥古斯丁教会的修士们发出的国家全面基督化的信号。

16 世纪初在波波卡特佩特山脚下建造的首批修道院，是在全墨西哥范围内建立传教点、传播天主教信仰的第一步。方济各会修士于 1525 年在库埃纳瓦卡建成了第一座修道院，之后有大约 300 座修道院相继落成，其中不乏多明我会和奥古斯丁教会的修士们的作品。共计有 14 座修道院成为世界遗产，分别位于阿特拉塔乌坎、特特拉·德尔·沃尔坎、库埃纳瓦卡、迪波斯特兰、萨夸尔潘·德阿米尔帕斯、乌耶亚帕安、叶卡皮克特拉、塔拉亚卡潘、尧特佩克、托托拉潘、奥奎图科、托奇米尔科、韦霍钦戈和卡尔潘。这些修道院虽然在建成年份上不尽相同，在建筑方式上却一脉相承：地面中庭四

▲ 库埃纳瓦卡的圣母升天大教堂的墙壁上装饰有描绘殉道场景的壁画。

周设有围墙，四角上建有小教堂；主教堂大多为单跨式，在规模上足以让当年的印第安人印象深刻。

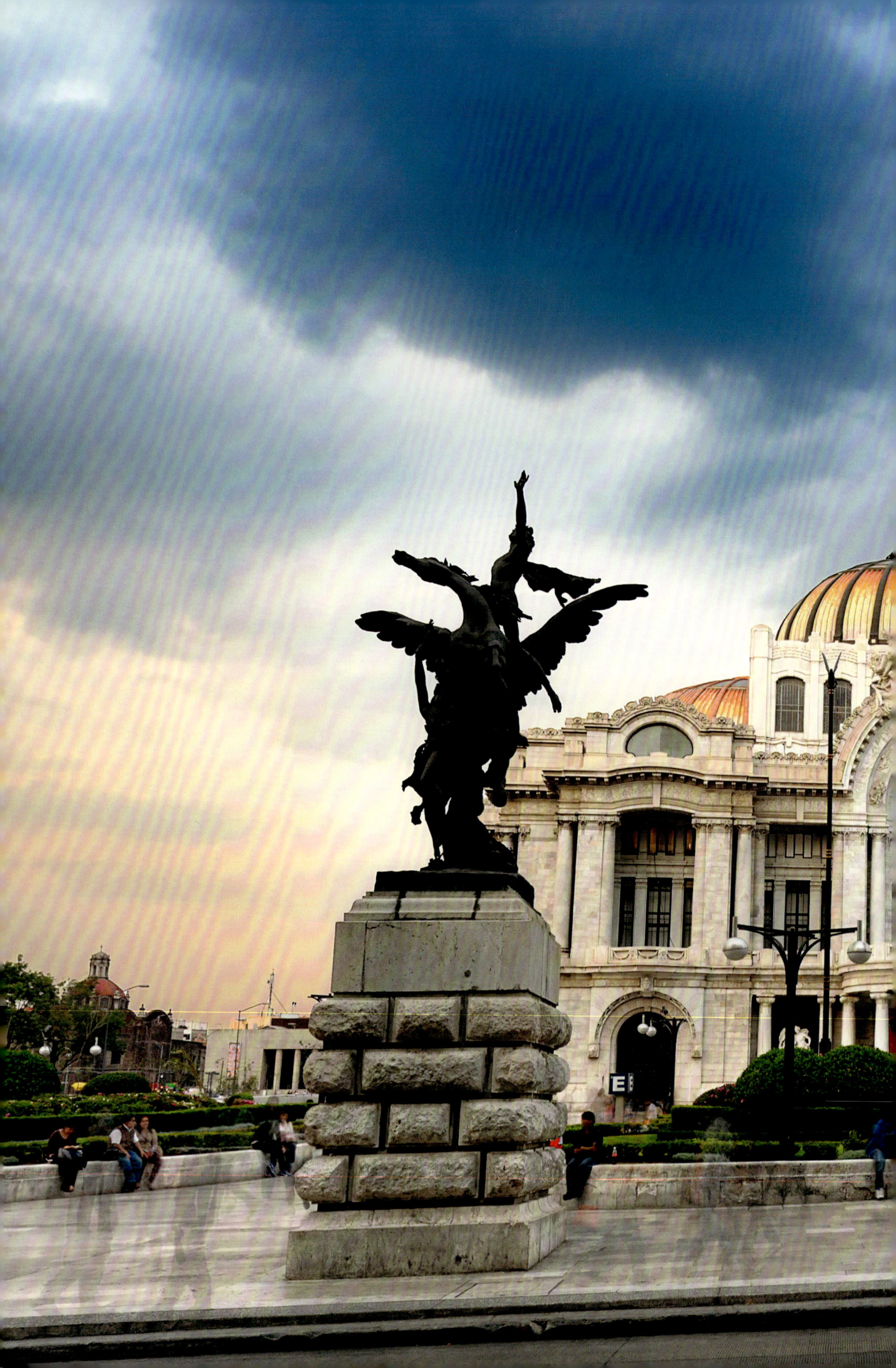

阿拉米达中央公园位于城市主广场——索卡洛广场西面，公园旁边坐落着宏伟的墨西哥国家美术宫，宫中的水晶玻璃幕布十分著名，人们可以在这里欣赏歌剧、话剧、音乐会和舞蹈表演。

普埃布拉历史中心

普埃布拉是墨西哥第四大城市。城中最引人注目的景色是源于殖民时期的巴洛克风格的奢华教会建筑和世俗建筑，许多建筑物上都装饰有釉面和彩色瓷砖。

▲ 普埃布拉天主堂内部。主祭坛由雕塑家曼努埃尔·托尔萨·萨里翁于1797—1818年创作完成。

乔卢拉城位于如今的墨西哥城东南方约100千米处，地处波波卡特佩特、伊斯塔西瓦特尔、拉马林切和锡特拉尔特佩特4座火山之间。虽然并未被收录进《世界遗产名录》，但它曾是阿兹特克人最重要的祭祀地点之一。1519年，西班牙征服者的入侵终结了阿兹特克人的统治，并将聚居地夷为平地。为了立威并震慑当地的民众，西班牙人在乔卢拉金字塔上建立了自己的教堂。从规模上看，该金字塔是世界上最大的金字塔之一。不久之后，西班牙王室在距离此地几千米外的地方建造了普埃布拉，根据记载，普埃布拉不久后便发展成为繁荣的贸易中心。城中不仅有农产品加工业，还生产大家喜爱的塔拉韦拉瓷砖。彩色的铺面砖瓦（"上光花砖"）在老城中随处可见。这项世界遗产大部分由19世纪的建筑构成，当时正值普埃布拉的上升期。普埃布拉城中有近70座教会建筑，1649年落成的普埃布拉天主堂十分醒目。

塔拉科塔潘历史遗迹区

塔拉科塔潘是一座位于墨西哥湾的内河港口城市。城中的小巷中拱廊林立，公共广场上绿意盎然，可谓西班牙文化与加勒比文化独特且多彩的融合。

▲ 拱廊前沿和门廊围绕着塔拉科塔潘的街道。淡雅的色调营造出别样的乡间意趣。

1518年，胡安·德格哈尔瓦成为首位沿着韦拉克鲁斯海岸航行的欧洲人，当时位于帕帕洛阿潘河口的塔拉科塔潘已经拥有悠久的历史。900—1200年，托托纳克人统治着这片地区，后来奥尔梅克人夺取了该地区的统治权，直到1471年该地区落入蒙特祖玛家族之手。16世纪中叶，西班牙征服了这一地区并对城市进行系统性扩建。塔拉科塔潘在历史上曾多次遭到火灾，如今的城市外貌主要形成于19世纪。1850年左右，人们在城中建起了豪华的市政厅。除此之外还有无数私人房屋和公共建筑，它们建筑风格独特，外观多彩夺目，十分引人注目。建筑物的前方建有拱门和门廊，它们为历史悠久的小巷中的人行道撑起了一道道穹顶。广场和中庭中种有绿植，为城市增添了新的色彩。

瓦哈卡州中央谷地的亚古尔与米特拉史前洞穴

位于瓦哈卡州特拉科卢拉山谷的考古遗址是人们了解墨西哥中美洲文化发展史的窗口。

这个地区最早的居住痕迹可以追溯到公元前3000年左右。公元前500年，萨波特克人就已经在亚古尔与米特拉建立了城市中心。吉拉·纳奎兹与库瓦·布兰卡史前洞穴中的发现则可以将中美洲的历史进一步往前推进很多年。人们于20世纪70年代开始在洞穴遗址的考古挖掘行动中发现了一些大约1万年前由狩猎者和采集者储存的种子，这些种子是人们最早在此定居的证明。此外，石制工具的出现为最早的土地耕种行为提供了证据。洞穴不远处的盖奥·什祭祀广场建于公元前5000年左右，是中美洲最古老的人工建成的广场之一，可以容纳25—30人。

▲ 瓦哈卡州特拉科卢拉山谷中的史前岩画证明了该地区很早便已有人定居。

帕伦克古城和国家公园

玛雅古国城市——帕伦克古城的遗址高耸于墨西哥南部恰帕斯州的热带丛林之中。尽管该遗址在1784年就已经被人发现，但直到20世纪人们才对其进行系统的调查和发掘。

帕伦克是玛雅古国最令人难忘的城市之一。古城建于3—5世纪，于6—8世纪达到鼎盛，古城中最重要的建筑物均可追溯至这一时期。"铭文神庙"是一座带有上层神庙建筑的阶梯金字塔。金字塔中的象形文字已被解密，是玛雅文明最重要的书面记载。1951年，人们在金字塔中发现了玛雅王巴加尔保存完好的墓室及他的陪葬品。除此之外，十字圣树神庙以及所谓的"帕伦克宫殿"都非常值得一看。

建筑群中的塔楼足有15米高，当时可能用于天文观测。楼上的一张桌子可能是祭坛。帕伦

▲ 带有象形文字的铭文神庙是这座玛雅城市的中央建筑。

克城市中心几乎所有的建筑都使用了灰泥，并装饰有浮雕。

瓦哈卡历史中心与阿尔班山考古遗址

当西班牙人在 16 世纪建造了他们的巴洛克风格城市瓦哈卡时，邻近的城市阿尔班山的历史已经超过 2000 年。

　　两座城市均已被列入《世界遗产名录》。早在公元前 8 世纪，奥尔梅克人就在位于谢拉马德雷山脉高地山谷上方的一座小山上建起了第一批城市的基础设施。后来萨波特克人占据了这片地区，并建造了带有金字塔形神殿的大型祭祀中心。300—700 年，阿尔班山进入鼎盛时期，城市居民人口达到 5 万人。800 年左右，城市开始衰落。后来，米斯特克人征服瓦哈卡后，只将此地作为墓地使用。1529 年建立的城市瓦哈卡，其中心广场拱廊环绕，令人赏心悦目。在教会建筑中，两座装饰繁复华丽的巴洛克风格教堂——大教堂和圣多明各教堂格外醒目。

▲ 圣费利佩·内里教堂是瓦哈卡最美的教堂。

▶ 人们在阿尔班山发掘出的遗址中，除了金字塔和圣殿，还有带有"舞蹈家"（展现的并非真正的舞蹈家，而是受刑的战俘）装饰的浮雕板。

中美洲　087

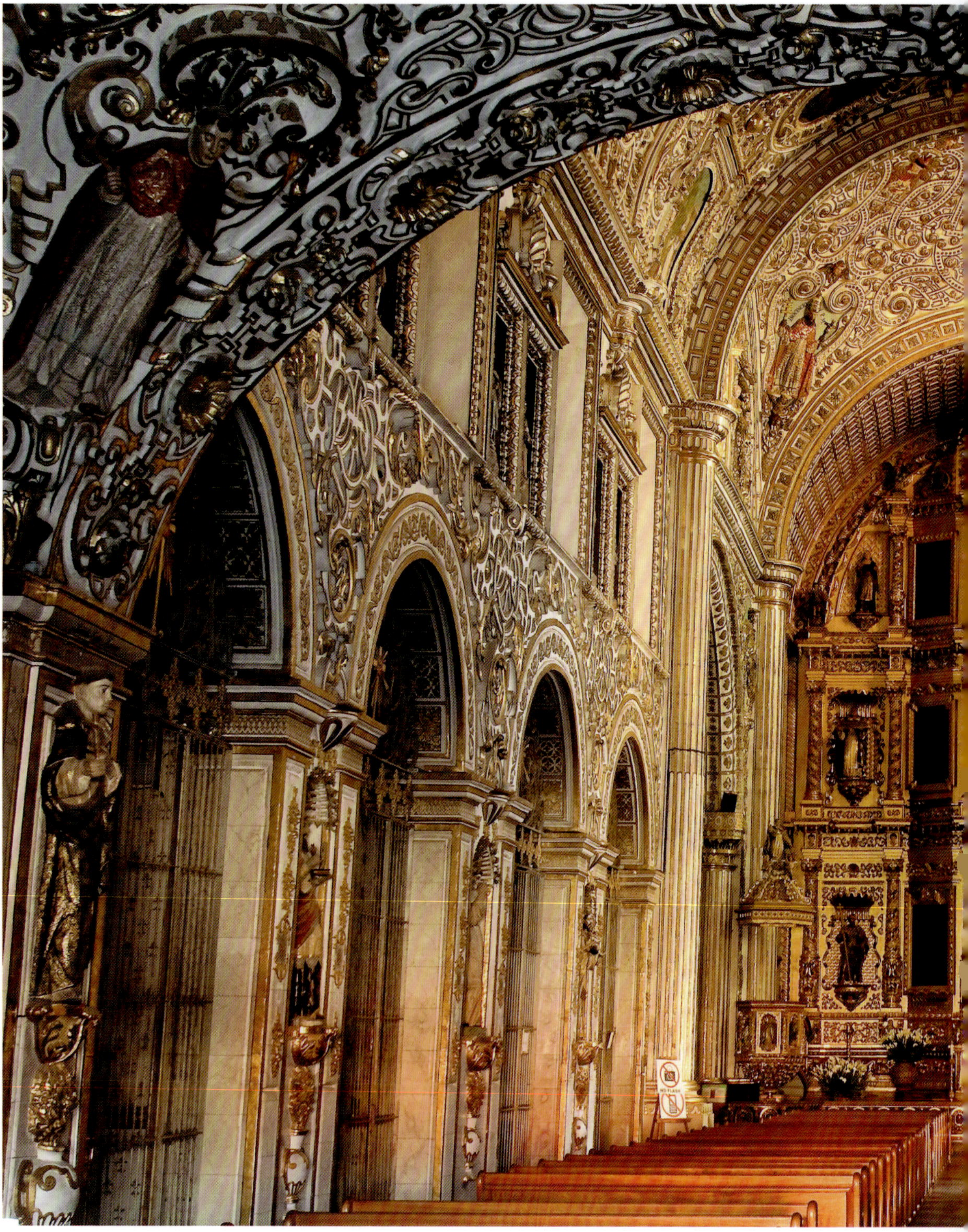

从外部来看，瓦哈卡城圣多明各教堂的巴洛克式立面显得有些笨重敦实。相较之下，这座建于1575年的教堂中华丽的内饰就愈发令人赞叹。繁复的石膏花饰、油画以及镀金木雕占满了整个空间，其中还有一幅记录圣多明各家族谱系的图画。

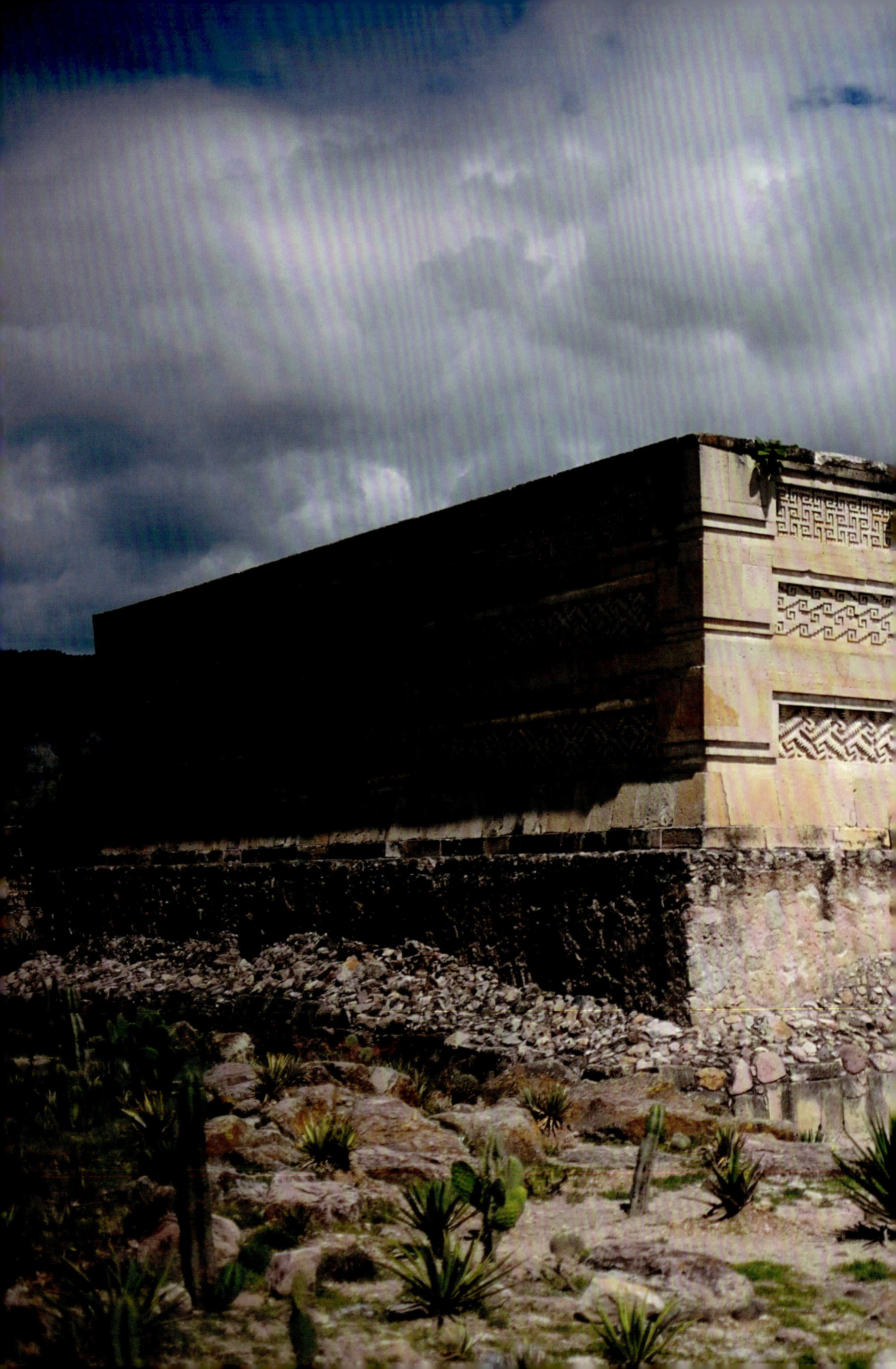

米特拉遗址至今仍是这座城市历史与财富的重要见证。这里曾经是南萨波特克王国的首都。保存较为完好的建筑之一为"柱群"。它曾经是一座宫殿，带有3间大厅和1座位于中心的内院。

▲ 羽蛇神庙位于被称为"卡斯蒂略"的阶梯金字塔顶端。

奇琴伊察古城

奇琴伊察古城遗址位于尤卡坦北部，占地 300 多公顷，是玛雅和托尔特克这两种前哥伦布时期高度文明的遗产。

玛雅人根据邱玛耶的手稿，在 450 年左右建立了奇琴伊察，并在此建立了众多普克风格的大型建筑，如修女院、神庙等。10 世纪中叶，托尔特克人从墨西哥高地涌入奇琴伊察，为城市带来二次繁荣。在这一时期的建筑中，玛雅建筑传统与托尔特克雕塑和浮雕风格得以结合，代表性建筑物有椭圆形天文台（俗称"蜗牛"）和被称为"卡斯蒂略"的阶梯金字塔。这座金字塔是献给玛雅人和托尔特克人都崇拜的神灵——羽蛇神的。城市中心还有其他重要建筑，如勇士神庙、美洲豹神庙以及 9 个球场等。研究人员在位于城外的献祭之井——一个有水的天坑——中找到了装饰品和陶瓷制品。

◀ 椭圆形天文台"蜗牛"。

坎佩切历史要塞城

被防御墙完全包围的坎佩切老城不仅是中美洲巴洛克时期殖民城市的最美典范，也是17—18世纪军事建筑的杰作。

在1540年建城之后，坎佩切便被西班牙王室视为征服尤卡坦半岛的出发点。这个重要的港口很快成为亨利·摩根等臭名昭著的海盗们眼中的肥肉，不断遭到英国和荷兰海盗的洗劫。在1668—1704年，人们在坎佩切建起了超过2500米长的城墙，整座城市的城墙呈六边形。带有4个堡垒的防御建筑群是全美洲保存最完好的同类建筑群之一。堡垒和两个要塞如今已分别成为博物馆、画廊和植物园。19世纪，一种红色织物染料"墨水树"的出口为坎佩切带来了二次繁荣。这一时期留下了许多宏伟建筑：除了城市宫殿和托罗剧院，还有一些教堂，如圣母受孕主教座堂、圣方济各教堂、圣罗曼教堂等。

▲ 老城中有着教堂、喷泉、彩色建筑以及古老的铺石路面的小巷尤其迷人。

乌斯马尔古城

位于梅里达南部约80千米处的乌斯马尔古城以及邻近的卡卜、拉巴和萨伊尔遗址中的建筑是古典时期玛雅建筑的巅峰之作。

乌斯马尔在8—10世纪是重要的城市中心，中心建筑是近40米高的"占卜师金字塔"。这座献给雨神恰克的宏伟建筑已经是对其前身——早期神庙建筑的第4次增建。"总督府"矗立在一个15米高的平台上，装饰有石质马赛克中楣。乌斯马尔的其他建筑上也装饰有马赛克。位于主要区域的大型球场在当时主要用于举办祭祀活动，上面的铭文可以追溯到901年。萨伊尔的大宫殿的柱子装饰比立面中楣更胜一筹；拉巴和卡卜铺石路面旁的凯旋门是玛雅建筑艺术罕见的珍品；卡卜的"面具宫"因其建筑正面250个雨神恰克的石制面具而得名。和其他玛雅古国城市类似，乌斯马尔也在1200年左右被废弃。

▲ 玛雅文化建筑艺术的杰作："占卜师金字塔"和球场。

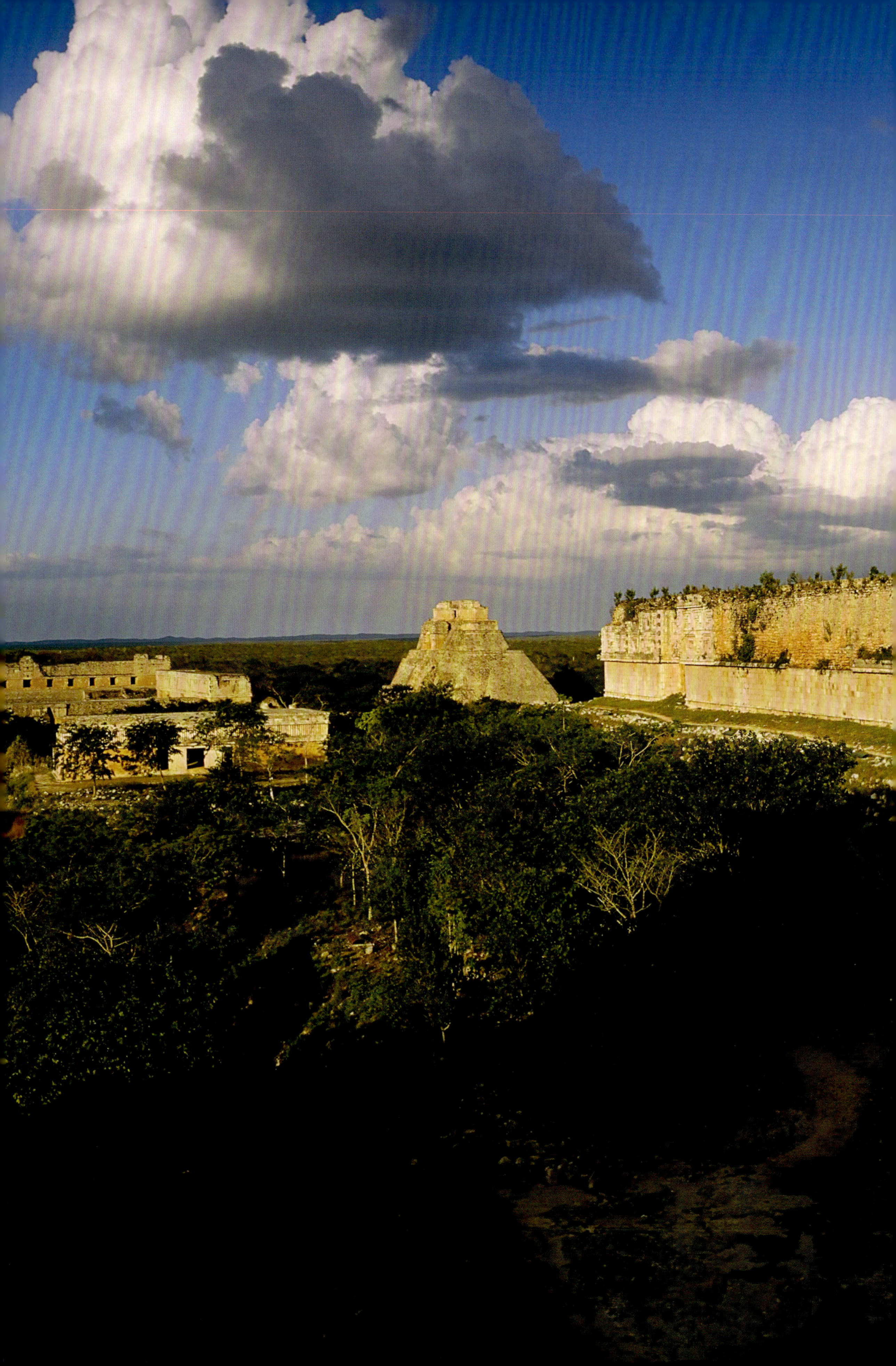

建于9—10世纪的乌斯马尔统治者宫殿是普克风格的巅峰之作。纵向伸展的建筑带有精致的内院，石质马赛克装饰着宫殿立面，建筑内并没有天然井的踪迹——这些都是普克风格的典型特征。

圣卡安生物圈保护区

这处位于墨西哥加勒比海沿岸的自然保护区以其多样的群落生境为100多种哺乳动物、稀有的两栖动物以及约350种不同的鸟类和热带植物提供了理想的生存空间。

"圣卡安"在玛雅人的语言中意为"上天的礼物"。这个位于尤卡坦半岛以东、坎昆以南约150千米处的墨西哥最大的连续自然保护区面积超过5000平方千米,为种类独特的动植物提供了"天堂般"的生存环境。只有约2000人生活在这里,他们主要生活在蓬塔艾伦和博卡派拉这两个地区。常绿林、红树林沼泽、混交林、雨林、落叶林、棕榈热带稀树草原、冲积平原以及总计约100千米长的珊瑚礁和潟湖,为美洲豹等稀有猫科动物、各种猴类、鳄鱼和海龟提供了庇护所。海洋占据了公园大约1/4的面积。此外,圣卡安地区有23处前哥伦布时期文化的考古遗址,这些考古遗址历史悠久,可以追溯到2300年前。

▲ 圣卡安生物圈保护区有着多种两栖动物和爬行动物,其中包括危地马拉鳄(佩滕鳄)。

坎佩切州的卡拉克穆尔玛雅古城与热带雨林

2002年被列为世界遗产的墨西哥"卡拉克穆尔玛雅古城"在2014年新增了周围坎佩切热带雨林的广阔区域,如今是世界自然与文化双重遗产。

卡拉克穆尔是玛雅文明古典时期(3—10世纪)最重要的城邦之一。在鼎盛时期,城市很可能有约5万居民,面积超过70平方千米。直至今日,人们已经辨别出5000座建筑残余,其中100座为大型建筑,这些为当时高度发达的居住结构提供了证据。在浮雕和石碑上发现的铭文记录了卡拉克穆尔的兴衰史。

根据这些考古文物可以推测,卡拉克穆尔在7世纪下半叶征服了临近的玛雅大城市,其政权却在8世纪时被蒂卡尔推翻,最终在900年左右被彻底废弃。

◀ 卡拉克穆尔的主要景点是被称为2号建筑的多层金字塔和浮雕石碑。

奇琴伊察是前哥伦布时期尤卡坦半岛上规模最大、保存最完好的古城遗址。这座城市在400—1260年是重要的经济、政治与宗教中心，一度拥有3.5万人。古城中最著名的遗迹是高达25米的卡斯蒂略金字塔。

伯利兹
伯利兹堡礁保护区

在伯利兹海岸前，北半球最长的活珊瑚礁——伯利兹堡礁沿着大陆架边缘向海中伸展。

许多濒危动物在这个多彩的水下景观中找到了庇护所。该保护区为大西洋中最大的珊瑚礁区，是一个复杂的生态系统，拥有一座约300千米长的堡礁、3座距海岸较远的大型环礁以及散布于各处的上百座被称为"岩礁"的岛屿，岛屿上生长着170多种植物。岛屿上的沙滩、红树林和潟湖为红脚鲣鸟、丽色军舰鸟和白顶玄鸥等濒危鸟类提供了极佳的生存条件。

伯利兹堡礁自然保护区由7个保护区和国家公园构成，近1000平方千米，涵盖了各种礁石类型，为多种生物创造了生存空间。

除了各种各样的水生植物，这里还有约350种软体动物、甲壳类动物、海绵动物以及从鲽科到石斑鱼等多种鱼类。一些濒危动物，如海牛和玳瑁，也生活在这里。

▲ 在这片"潜水天堂"中可以找到玛格丽特珊瑚，它因与玛格丽特花相似而得名。

▶ 灯塔礁附近几乎呈圆形的蓝洞是一个海底岩洞，因其颜色较深，所以人们可以从空中清楚地辨认出。它是伯利兹最受欢迎的潜水地点。

中美洲 099

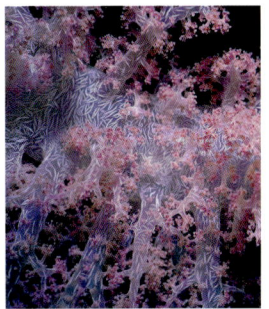

▲ 多样的珊瑚种类使加勒比的水下世界闪耀着彩色光芒,这也是该地区如此受潜水者欢迎的原因之一。此页从上到下分别是八放珊瑚、太阳珊瑚、柳珊瑚和石珊瑚。

危地马拉
蒂卡尔国家公园

危地马拉东北部的蒂卡尔是玛雅文化最重要的遗址之一。

▲ 在危地马拉佩滕省热带雨林的晨雾中,一座圣殿金字塔的轮廓若隐若现。右图为晴空下的圣殿金字塔。

在玛雅古典时期,蒂卡尔是该地区最重要的城邦之一。隐藏在佩滕省热带雨林中的城市遗址见证了它昔日的辉煌。考古学家估计,在蒂卡尔最繁荣的 8 世纪,仅在蒂卡尔城市中心 16 平方千米的地区就生活着大约 5 万人。

迄今为止,人们已经在城市核心区发掘出超过 3000 座建筑和设施,包括豪华的宫殿、简朴的小屋和球场等。最壮观的建筑是 6 座巨大的圣殿金字塔。其中一座高度超过 65 米,是最高的玛雅文化建筑之一。它成为早在 250 年就已经落成,且后来多次增建的"失落的世界"建筑群的中心。除了这些大型建筑,考古学家还发掘出许多工具、多种祭祀用品和一系列珍贵的陪葬品。这座城市大约于 900 年被废弃,具体原因尚未可知。

◀ 庙宇之城蒂卡尔坐落在国家公园的深处,为不计其数的动物提供了一片几乎没有任何人类影响的生存空间。在这里能够观察到各种各样的鸟类和昆虫,图中是一只领簇舌巨嘴鸟。

基里瓜考古公园和玛雅文化遗址

基里瓜考古遗址位于危地马拉东部，靠近洪都拉斯边界。这里出土的最重要的考古发现为大型的石碑和石刻的历法。

玛雅城市基里瓜在8—9世纪时达到鼎盛。根据考古发现推测，第一批居民早在200年就已经在这里定居；基里瓜直到7—10世纪时才达到权力巅峰。之后，这座城市又被废弃了几个世纪。基里瓜历史上决定性的转折点出现在748年，时值考阿克·斯凯统治时期，他俘虏了科潘王国（位于如今的洪都拉斯）强大的君主并且将其斩首。在此之前基里瓜在政治上完全受制于科潘，如此一来局势完全翻转。基里瓜凭借玉石和黑曜石贸易攫取巨大财富并逐渐成为政治权力中心。遗址中大部分的巨型石碑都源于8世纪的鼎盛时期。人们在发掘出的整块砂岩板上发现了雕塑，其工艺精湛，是雕刻艺术的杰作，刻画内容以政治和军事事件为主。巨型石碑E的重量超过60吨，高度超过10米。

▲ D石碑的细节。该石碑大约可以追溯到766年，是遗址中最美的石碑。石碑上所刻的图案后来成为危地马拉货币10分钱硬币上的图案。

安提瓜危地马拉

尽管1773年的一场地震摧毁了安提瓜危地马拉，但巴洛克的流光溢彩仍在遗址中留存至今的建筑上熠熠生辉。

安提瓜危地马拉古城中的早期西班牙殖民建筑令人印象深刻。1543年，西班牙征服者在危地马拉高地的3座火山山脚下重新建立了"贵族"和"王族"城市安提瓜——这里曾是聚居地，后被泥石流摧毁。在之后的几十年间，这座海拔1500米的中美洲西班牙殖民帝国首都发展成为拥有多达7万居民的大都市。1675年，中美洲第一所宗座大学在圣卡洛斯·德博罗梅奥教堂中成立。教堂建有内庭和装饰华丽的拱门，如今是一座博物馆。安提瓜的城市规划呈棋盘形状分布，建筑以意大利文艺复兴的风格为主，在历经200年的辉煌后于1773年被地震摧毁。遗址中得以重建的大教堂、修道院、宫殿和市民住宅以及断壁残垣都是其昔日经济、文化和宗教地位的见证。在古城的各项文化活动中，圣周游行是亮点所在。

▲ 傍晚的安提瓜危地马拉街道，以及灯光照耀下富有情调的圣何塞教堂。

洪都拉斯

科潘玛雅遗址

这处占地约 30 公顷的遗址位于洪都拉斯西北部，靠近危地马拉边境。

▲ 11 号神殿旁玛雅神帕瓦通的头部雕像。

▼ 源于 8 世纪的石碑雕刻精细，细节翔实。

科潘在 700 年左右进入鼎盛时期。当时科潘是玛雅最重要的城邦之一。1570 年，迭戈·加西亚·德帕拉西奥发现了科潘，并对其进行了记载，但直到 19 世纪人们才真正开始挖掘工作。直到今日，科潘河谷中可能仍有上百处遗址隐藏在丘陵之下。迄今为止已出土的城市部分中，市中心由金字塔、神庙和露台构成的嵌套建筑群"卫城"构成。值得注意的是方形祭坛 Q，上面雕刻着 16 位公元 763 年之前科潘王国统治者的形象。"象形文字阶梯"是科潘最重要的遗址。大约 2500 个象形文字覆于 63 级台阶之上，是目前已知的源于玛雅时代的最长的文字记载。这些文字记述了自建城到 755 年阶梯落成期间科潘王国统治者的功绩。值得注意的还有一个带有 3 块界碑的球场。遗址中的 14 个祭坛和 20 个石碑如今已被修复，它们可追溯到 618—738 年间。石碑 H 装饰丰富，底座中藏有两块金像碎片。

萨尔瓦多

雷奥普拉塔诺河生物圈保护区

该生物圈保护区位于普拉塔诺河流域，包括美洲第二大雨林区域的一部分。

占地超过 5000 平方千米的生物圈保护区沿着普拉塔诺河分布，从加勒比海岸一直延伸到洪都拉斯内部，其海拔最高可达 1300 米以上。从沿海地区向内陆依次是原始沙滩、潟湖、红树林以及沿海稀树草原，草原上生长着沼泽植物，如棕榈和低地松树。内陆地区覆盖着热带低地雨林和山区雨林，物种丰富。这里生长着许多树种，从西班牙雪松到桃花心木、轻木和檀香木，应有尽有。保护区还为多种动物提供了受保护的生存空间。保护区内人烟稀少，仅有几千名居民在这里生活：除了原住民米斯基托人、佩奇人和塔瓦卡人，还有加利福纳人（一个有着加勒比和非洲祖先的族群）。他们以较原始、传统的生活方式继续在这里定居。此外，人们还在保护区内发现了前哥伦布时期的考古遗址。

▲ 保护区拥有极其丰富的动植物种类，白头卷尾猴就生活在这里。

霍亚—德塞伦考古遗址

霍亚—德塞伦考古遗址是萨尔瓦多最重要的玛雅文化考古遗址。遗址内出土的文物为我们提供了 1400 年前生活在中美洲的玛雅人日常生活的概貌。

这一玛雅人聚居点在 600 年左右因火山喷发而被掩埋在几米高的火山灰下，直到 1976 年才重新被人发现。人们于 1978 年开始挖掘工作，迄今为止出土了众多壮观的文物。当时生活在霍亚—德塞伦的数百名居民都是农民。他们生活在盖有稻草屋顶的黏土屋中。他们住宅的院落中设有卧室、仓库和厨房，村庄中还建有浴室、一间大型社区房屋以及两座可能是为治疗者、巫师或其他宗教专家准备的房屋。人们从灰烬中发掘出的文物保存得很好，几乎没有受到任何损害，其中包括陶器，以及用石头、木头和骨头制成的工具。从出土文物中可以发现，当时重要的农作物有玉米、豆类和辣椒等；此外，当时的居民也种植其他植物，人们发现了药草园、果树、可可树以及一座龙舌兰园。

▲ 位于萨尔瓦多西部核心地区的霍亚—德塞伦考古遗址为研究玛雅文明高度发达时期的农民生活提供了有价值的信息。

2007 年，考古学家在对霍亚—德塞伦考古遗址进行考古挖掘时首次发现木薯。这种植物在当时火山爆发前不久才刚刚开始耕种。

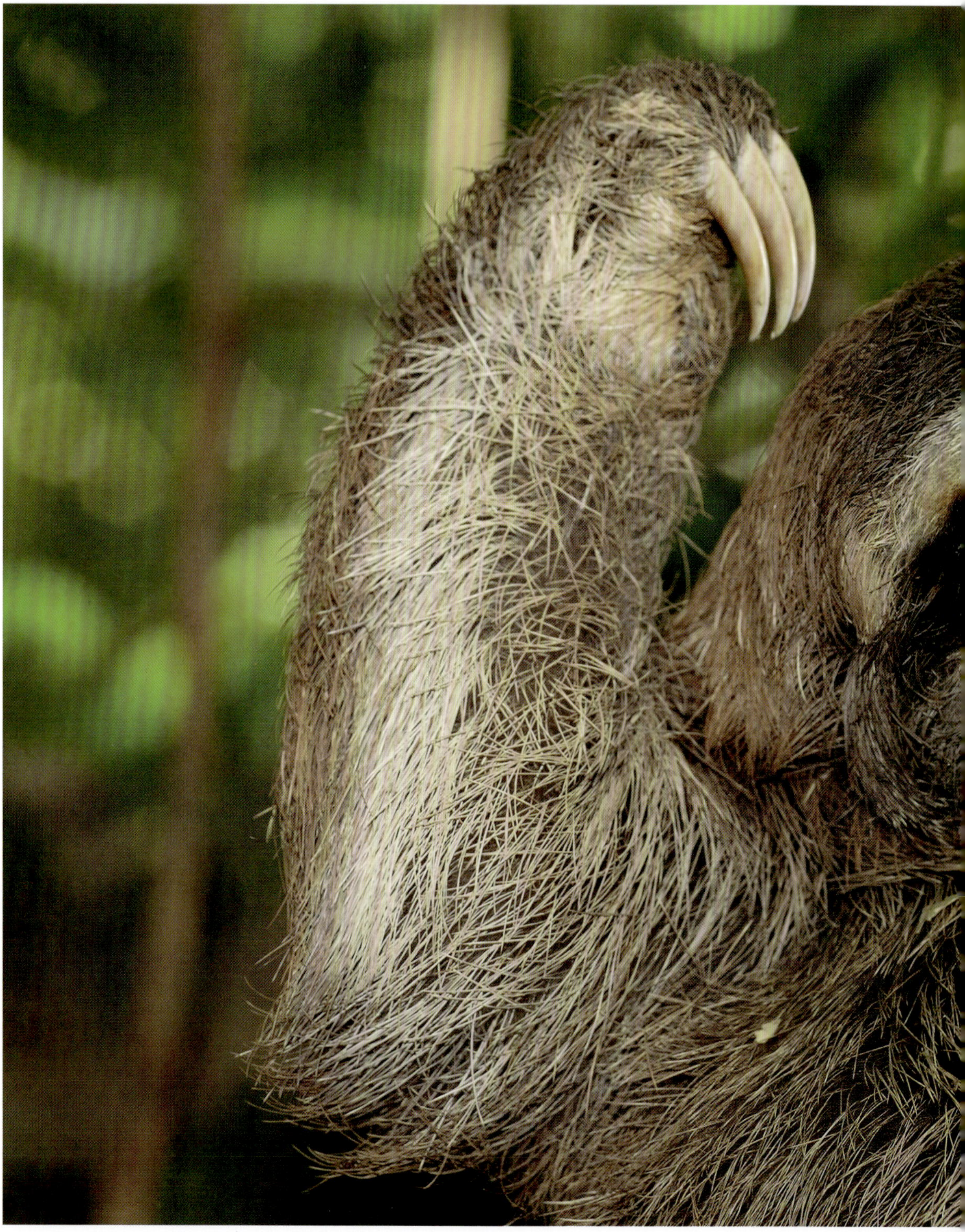

三趾树懒平均体长 50—70 厘米，它们一生中大部分的时间都在树上度过，每周只会下树一次进行排便。树懒的食物主要是树叶和嫩芽，它们的觅食活动和其他动作一样极为缓慢。

尼加拉瓜

莱昂大教堂

莱昂大教堂是一座源于西班牙殖民时期的教堂，其外观宏伟，极具历史厚重感；内部布置简洁，太阳光照充足，其建筑风格表现为从巴洛克到新古典主义的过渡。

莱昂曾作为西班牙统治下的尼加拉瓜的自由首都长达近300年——从传统的角度来看，保守的格林纳达也是有力竞争者之一。1804年，人们在莱昂建立了大学，莱昂因此发展成为国家的精神文明中心。1821年9月15日，尼加拉瓜所属的西班牙特别自治区危地马拉宣布从西班牙独立，随后莱昂成为新国家的首都，同时也是最重要的教会和世俗权贵的所在地。然而建于1747—1860年的莱昂大教堂的规模和风采并非因其诞生于这座大名鼎鼎的城市，也不是因为这里埋葬了重要的尼加拉瓜诗人鲁文·达里奥——据称建筑师迭戈·何塞·德波雷斯·埃斯基韦尔的建筑计划原本是为秘鲁的利马大教堂准备的。

▲ 大教堂朝西的立面在狮子雕像的守卫下显得尤为壮观。

莱昂·别霍遗址

莱昂·别霍遗址呈现了新世界早期西班牙定居点的原本形式。

尼加拉瓜西部的"老莱昂"距如今的莱昂市约30千米。1524年，弗朗西斯科·埃尔南德斯·德科尔多瓦在乔罗特加印第安人的领地上建立了这座尼加拉瓜省曾经的首都，并将其作为西班牙帝国进一步征服太平洋地区的起点。莱昂在1531年成为主教区，即便在1545年左右的顶峰时期也只是一个小型聚居地，定居在这里的仅有200个西班牙人。1578年，莫莫通博火山的爆发促使许多居民逃离了这座城市；1610年地震后，这座城市被彻底废弃。定居点位于马那瓜湖湖边，最初为设防区域，呈棋盘状分布，主要由木头、竹子和黏土建造的简单房屋以及总督府、皇家铸造厂、大教堂和修道院组成。如今，许多建筑只有一些墙基留存至今。对这片区域的考古发掘始于1968年。

▲ 曾经的殖民地区只留有砖瓦地面和石质地基。

哥斯达黎加

迪奎斯三角洲石球以及前哥伦比亚人酋长居住地

迪奎斯遗址位于哥斯达黎加南部，它为美洲在6—16世纪社会的艺术传统和工艺能力提供了证据。

直至今日，研究人员仍未解决迪奎斯文明留下的所有谜题。唯一可以确定的是，这种文明在6—16世纪时处于全盛时期，直到欧洲征服中美洲时才开始衰落。鉴于考古挖掘至今尚未发现任何建筑遗址，可以认为迪奎斯人住在由树枝搭成的简易小屋中，屋顶由稻草或芦苇覆盖而成。关于在聚居区发现的石球，其功能尚无法解释。其中一些石球只有网球大小，其他的石球直径超过两米，重达数吨。它们由类似花岗岩的辉长岩以及砂岩或贝壳灰岩制成，并且很有可能是用石头打磨的。直到20世纪40年代，人们才开始对迪奎斯文明的遗产进行系统性的研究和收集。

▲ 迄今为止，研究人员已经发现了近300个神秘的源于迪奎斯文明的球形物体。

科科斯岛国家公园

科科斯岛是东太平洋上唯一一座岛屿，岛上覆盖着热带雨林。因为远离陆地，科科斯岛发展出独特的动植物世界，其中不乏当地独有的物种。

科科斯岛位于哥斯达黎加海岸西南方约550千米处，传说臭名昭著的海盗在17世纪和18世纪曾将宝藏埋葬于此，然而至今都没有人发现宝藏的一丝踪迹——实际上，小岛拥有丰富的自然宝藏和茂密的热带雨林。这座面积为24平方千米的岛屿地势崎岖，仿佛一幅由海中耸起的石壁、瀑布和生长着原始森林的山峰组成的变化多样的全景图。科科斯岛距大陆较远，岛上生长着许多当地特有的植物，例如圭亚那囊苞木和库佩伊棕榈树。此外还有60多种昆虫、2种爬行动物和3种鸟类只在这里出现，科科斯岛美洲鹃就是一种当地特有的鸟类。岛屿近100平方千米的近海水域也是国家公园的一

▲ 此地的红脚鲣鸟主要以鱼类、鱿鱼或甲壳类动物为食。

部分，包括由32种不同种类的珊瑚构成的岸礁以及丰富的海洋动物。海豚、各种鲨鱼、曼塔魟鱼以及大约3000种鱼类在这里嬉戏。

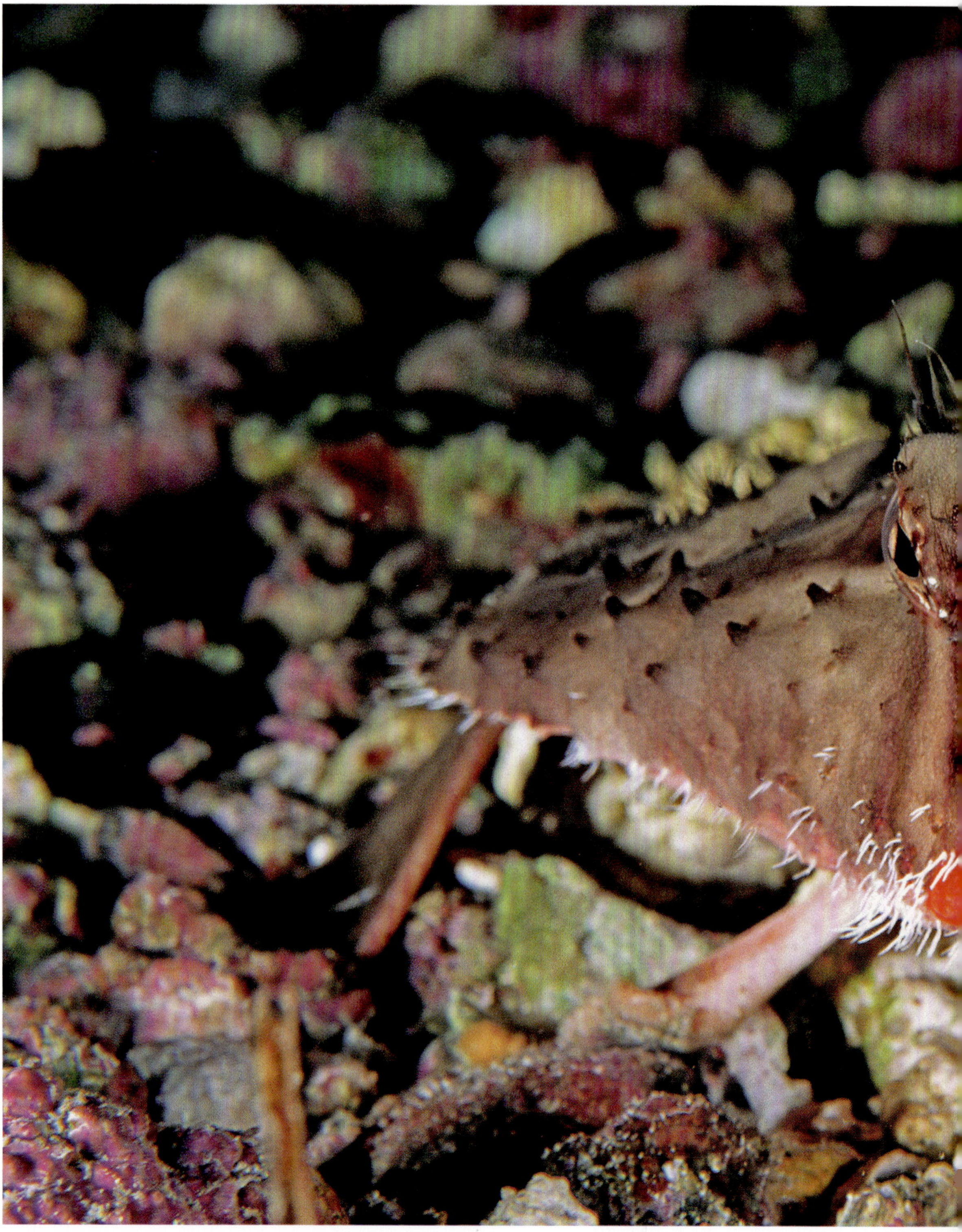

科科斯岛及其环礁周围海域中的生物多样性极为丰富，在这里还能发现一些稀奇古怪的生物。图中的生物尽管俗称"海蝙蝠"，但它实际上是一种鱼，生活在热带和亚热带海域百米之下的洋底。

瓜纳卡斯特自然保护区

这片位于哥斯达黎加西北部的广阔的自然保护区是许多稀有动植物的栖息地。

瓜纳卡斯特自然保护区占地约10万公顷，由3个国家公园和一些小型保护区组成，从太平洋海岸穿过约有2000米高的内陆山峰，一直延伸至加勒比海的低地地区。瓜纳卡斯特包括近海水域、岛屿、沙滩和岩石海岸以及山脉和火山景观，其中包括现在仍活跃的复式火山——林孔—德拉别哈火山。除此之外，还包括至少37个湿地、红树林、热带雨林以及热带旱地森林。这片热带旱地森林面积为6万公顷，是世界上此类保护林面积最大的区域之一。作为中美洲最后一片保存完整的大型热带旱地森林，它为共计近23万种动植物提供了生存空间。生长在这里的树木会在炎热的季节落叶。

保护区丰富的生物多样性也缘于其地处生物地理过渡带，在这里不仅生长着源于南美洲和北美洲的新热带动植物，还生活着来自新热带界和新北界的动植物。

▲ 美洲豹也生活在这里。

▶ 瓜纳卡斯特保护区的低地雨林。

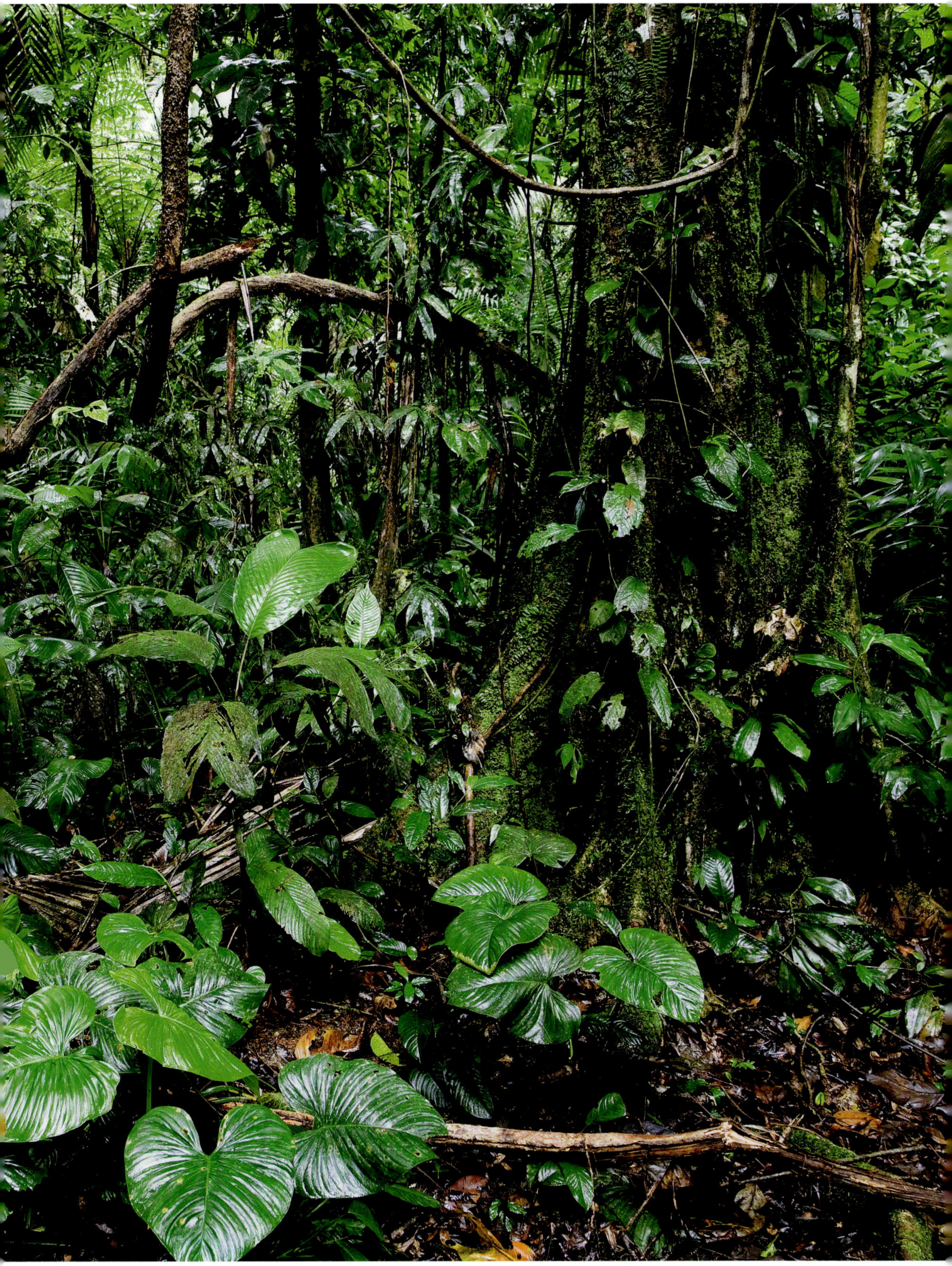

📍巴拿马

塔拉曼卡山自然保护区和拉阿米斯泰德国家公园

这个独特的跨国自然保护区位于塔拉曼卡山脉中央，从哥斯达黎加南部延伸到巴拿马西部，面积共计约50万公顷。

该保护区高度位于海平面与海拔大约3800米之间，海拔的变化形成了多样的生存空间和不同的景观。大部分的保护区被历史超过2.5万年的热带雨林覆盖。在低地上方有热带云雾林、带有灌木和草丛的亚高山帕拉莫地区，以及带有常青橡树、沼泽和湖泊的地区。得益于其地形和气候差异以及位于南北美洲交界处的地理位置，保护区拥有极丰富的动植物多样性。考古发现表明，该地区在数千年前曾有人类生活。对其研究目前尚处于起步阶段。如今有大约1万名原住民生活在保护区中，包括特拉瓦人、圭米人、布里布里人和卡维卡尔人等。他们的生活方式原始、传统，没有受到外界影响。

▲▼ 保护区森林（下图）为诸如格查尔鸟（上图）等鸟类提供了理想的生存条件。

科伊瓦岛国家公园及其海洋特别保护区

科伊瓦岛国家公园及其海洋特别保护区由太平洋岛屿构成，因其没有受到厄尔尼诺洋流引起的风暴和极端温度波动带来的影响，保护区内的物种多样性得以延续。

该保护区位于巴拿马太平洋沿岸，面积超过27万公顷，包括科伊瓦岛的雨林、奇里基湾38个小型岛屿的雨林以及其毗邻的海洋区域。这些岛屿已经与大陆分离了数千年之久，岛上广阔的动植物世界中进化出了多样的新型物种和亚种，对生物研究具有重要意义。当地特有的物种包括科伊瓦刺豚鼠和科岛吼猴、负鼠以及白尾鹿的亚种等。此外，科伊瓦岛是此间已在巴拿马其他地区完全消失的濒危动物的最后避难所，如冠雕和绯红金刚鹦鹉。保护区的海洋世界也为生物多样性做出了独有的贡献。

▲ 奇里基湾清澈的水域中生活着许多鱼类，图为牛鼻鲼。

巴拿马加勒比海岸的防御工事：波托韦洛—圣洛伦佐

巴拿马加勒比海沿岸强大的堡垒建筑曾经在海盗的反复侵袭中保护西班牙殖民帝国的"珍宝库"，力保波托韦洛坚不可摧。

波托韦洛，意为"良港"——哥伦布如此称呼这个巴拿马地峡加勒比海一侧的海湾，并于1502年在此处下锚。为了纪念费利佩二世，这座建立于1597年的城市被命名为圣费利佩德波托韦洛。波托韦洛地处墨西哥城后皇家内陆大道北端，面朝加勒比海岸，曾一度发展成为西班牙和南美洲之间货物贸易的主要集散地。同时，在查格雷斯河河口约30千米处，圣洛伦佐成为通向大陆的第二扇大门；尽管自建城起一直遭受海盗的攻击和破坏，却也在不断地重建和加固中发展壮大。波托韦洛湾和圣洛伦佐的强大防御建筑是16—18世纪殖民时期西班牙军事建筑的独特范例。

▲ 波托韦洛的堡垒。

巴拿马城考古遗址及巴拿马历史名区

巴拿马城的历史居住核心区见证了16世纪及之后中美洲的历史。老巴拿马城位于如今巴拿马城的东部，是太平洋海岸最古老的西班牙城市之一。

巴拿马城定居点建于1519年，之后迅速发展成为安第斯山脉重金属贸易集散地、行政中心、主教区，居民人数一度达到1万人。在1671年海盗亨利·摩根摧毁城市之后，人们在"老城"遗址西部仅8000米处新建了设防的定居点。19世纪中叶，随着加利福尼亚淘金热不断升温，"老城"——如今的历史区经历了再次繁荣。两座城市都按照欧洲城镇规划的理念设计了垂直的城市街道网络，建立了许多广场。同时它们也展现了16—19世纪的西班牙、法国和美洲多样的建筑风格。重要的建筑有五跨式大教堂、拉默塞德修道院和圣弗朗西斯科修道院。

▲ 在巴拿马城的老城区，中央大街旁的房屋立面仍闪耀着昔日的辉煌。

▲ 国家公园中生活着450种不同鸟类，其中5种是当地特有的物种。

达连国家公园

在这片巨大的热带荒野地区中蕴藏着丰富的动植物生境，至于物种多样性的程度，人们只能靠猜测略知一二。

专家认为，达连国家公园中的动植物种类数量尚未可知。这个位于巴拿马东部、占地57.9万公顷的生物圈保护区从太平洋海岸一直延伸到加勒比海岸和该地区的山脉附近，山脉的最高峰为海拔1845米的塔卡库玛峰。这里分布着多种栖息地，包括沙质海滩、岩石海岸、红树林和淡水沼泽以及各种雨林；生长着罕见的兰科植物和40种当地特有的植物种类。丰富的生存空间地理位置造就了保护区内动物令人惊叹的物种多样性；该地是一处地理交会处，南北美洲动物种类的分布边界也在此相交。达连国家公园也为一些濒临灭绝的物种提供保护，例如大兀鹫、貘、美洲豹和美洲狮等。在国家公园的部分地区还生活着原住民，如库纳人、安巴拉人和乌纳安人等。

▲ 番木瓜树上的一只黑嘴巨嘴鸟。

一生必去的世界遗产：走进美洲

领簇舌巨嘴鸟拥有一张巨大的喙。尽管身披黑衣，它却在雨林茂盛的绿树丛中隐蔽得相当好。巨嘴鸟不仅是为了觅食而长出这样彩色的大嘴巴，巨喙很可能是不同种群之间相互区别的标志。

古巴
哈瓦那旧城及其工事体系

哈瓦那是西班牙统治下的新大陆最重要的城市之一。哈瓦那旧城中的许多巴洛克风格和古典主义建筑都可以追溯到这一时期。

为了确保美洲向西班牙运输金银的贸易港口的安全,西班牙人在16—18世纪建造了强大的防御工事,如皇家军队城堡、莫罗三世城堡、圣卡洛斯要塞、圣萨尔瓦多城堡。老城的城市规划呈棋盘状,宏伟的广场为笔直的街道增添了几分生动的气息。主广场——武器广场的周围矗立着许多翻修的源于殖民时期的建筑,如第二端点宫。总督府可谓最美的巴洛克建筑之一。值得一看的还有带有锻铁阳台的巴洛克和新古典风格的贵族宫殿。在众多的教堂中,1704年完工的大教堂因其标志性的拱形珊瑚岩立面和两个不对称的塔楼而显得格外突出。曾经的总督府如今是古巴革命博物馆。

▶ 由于长期以来的被封锁,古巴人民一直很难购买进口新车,但在这里仍可以看到许多保养良好的老爷车。

◀ 海浪拍打着莫罗三世城堡前的海湾。

◀ 圣克里斯托瓦尔大教堂。

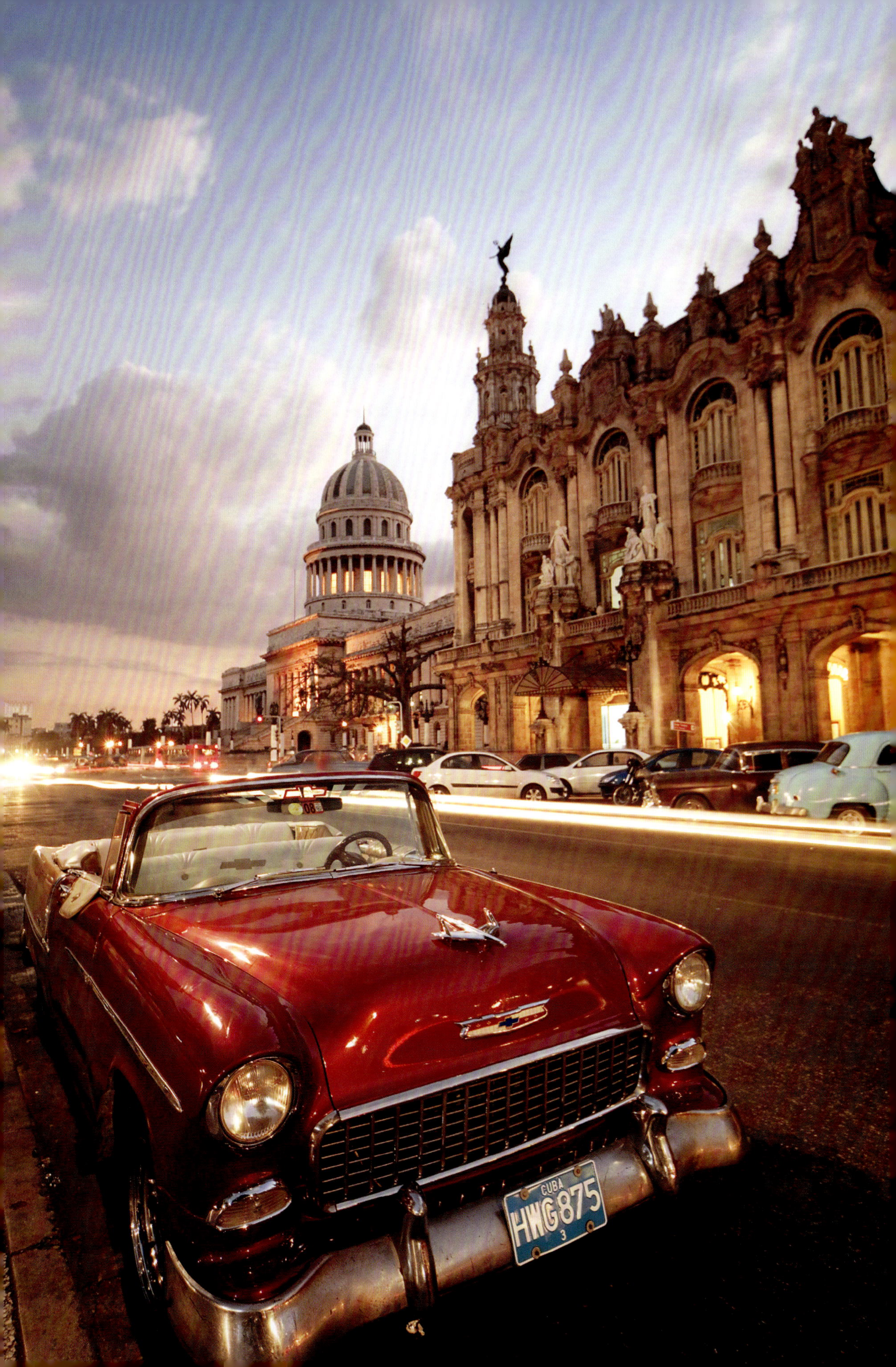
CUBA
HWG 875
3

1519年，人们聚集在武器广场上，为这座还在形成中的城市——圣克里斯托瓦尔·德·拉·哈瓦那市举行奠基仪式。这座广场久负盛名，被视为哈瓦那的象征，因此它历来就在城市的布局中具有特殊地位。广场东边坐落着桑托韦尼亚伯爵府邸，如今是圣伊莎贝尔酒店所在地。

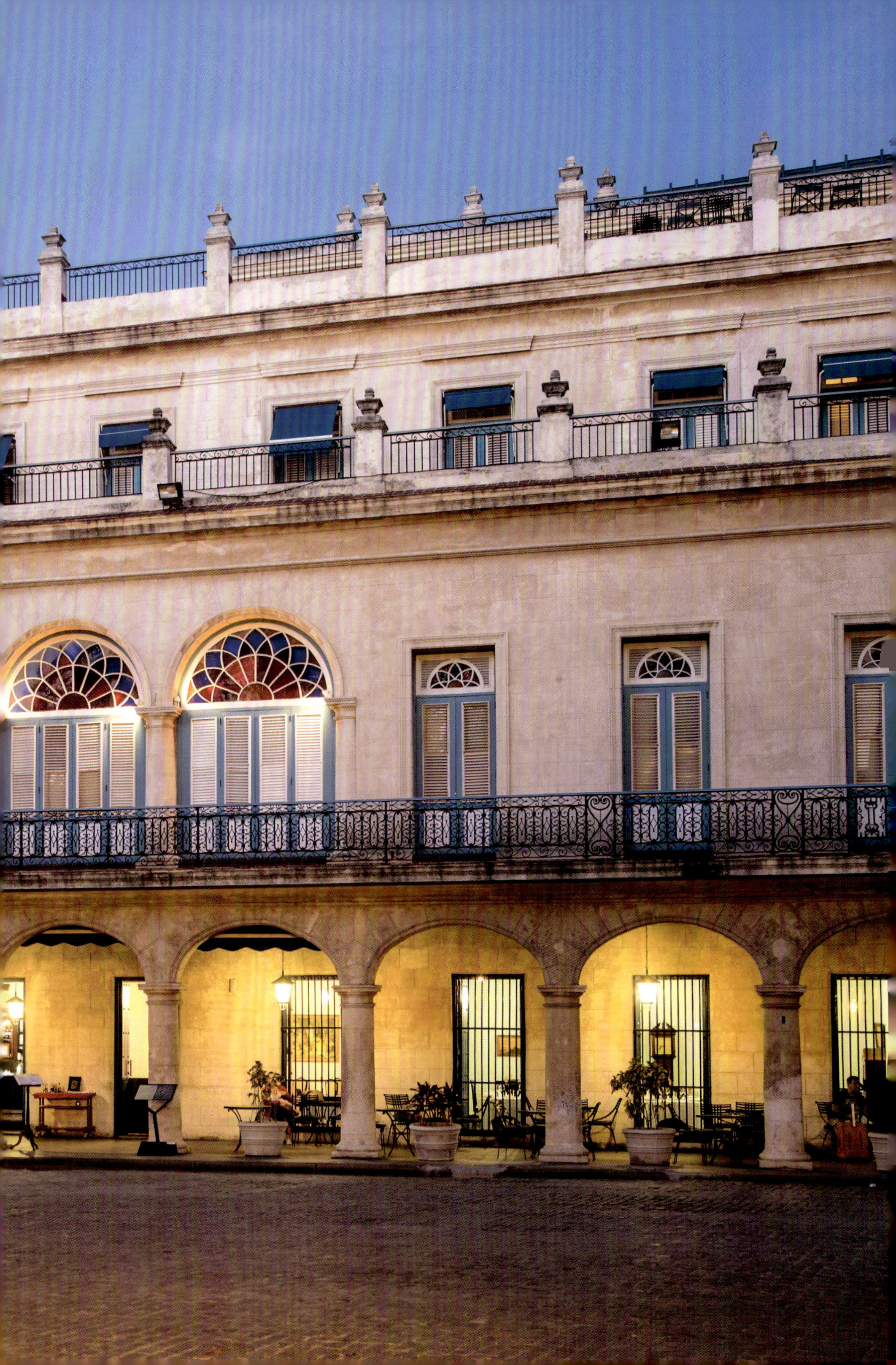

比尼亚莱斯山谷

在平原上直接耸起的锥状岩石前方，古巴西南部比尼亚莱斯山谷中的人们还在沿用传统的方法进行农田耕种与烟草种植。

比尼亚莱斯村庄全区都被列入文物保护范围，是比那尔德里奥省的明珠。小型木制房屋沿着主街道排列。因为地处经济意义重大的烟草种植区，所以村子中处处都能看到抽雪茄的村民。比尼亚莱斯山谷中高耸着一些奇异的"山丘"，实际上它们是 1.5 亿年前形成的陡峭的锥状岩石。这些岩石有的是已经坍塌的广阔的洞穴系统的组成部分，其余的构成了如同巨大的漂砾一般遗留在山谷中的岩石层。人们在雨季结束后种下烟草，在次年 1—3 月间收获；夏季时，农民们会在田地里播种海芋、香蕉、玉米或番薯。几个世纪以来，传统的种植方法几乎没有改变，一个多民族社会在这片村庄中形成。这里的居民在为自己的文化感到骄傲的同时，也为世界保留了古巴重要的社会历史遗产。

▶ 在奥尔加诺斯山脉的前方，高高耸起的喀斯特锥形孤峰环绕着一片可爱而肥沃的谷地。比尼亚莱斯山谷是古巴最美的地区之一，谷中多有奇峰异石，深红色的土地上分布着零星的耕地和宽阔的烟草田，小小的农庄隐藏在丛林之后。

▲ 在比那尔德里奥省的比尼亚莱斯山谷中，巨大的石脊如同正在沉睡的大象。

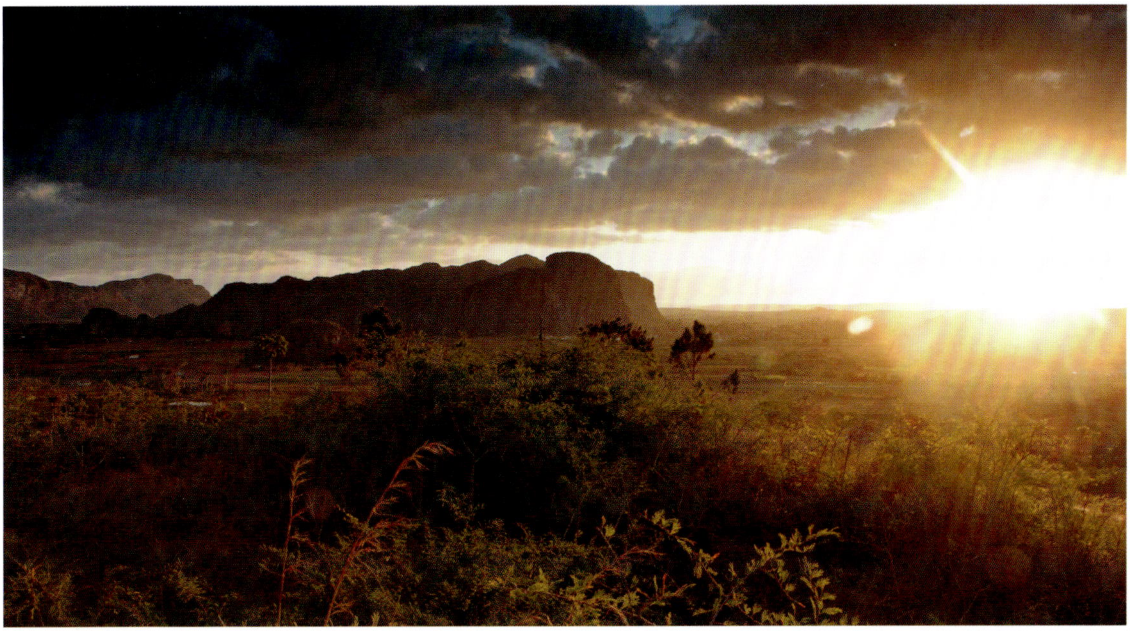

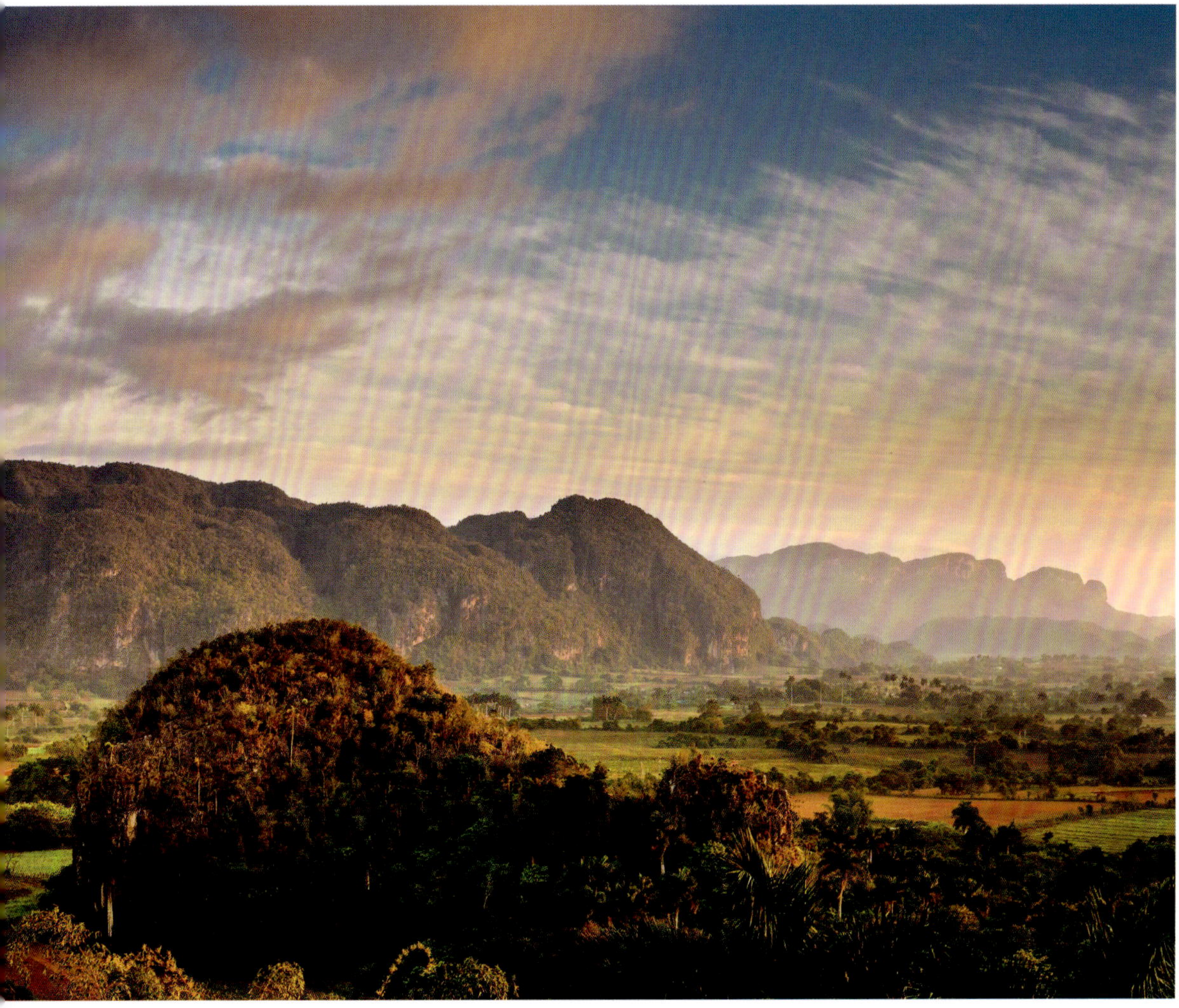

西恩富戈斯古城

西恩富戈斯位于古巴中部南岸，于 1815 年建城，自 1830 年起扩建为港口城市。小城如今的名字是为了纪念西班牙将军兼总督何塞·西恩富戈斯。

这座港口城市的首批居民是西班牙人，后来法国人也来到这里，他们主要从波尔多、新奥尔良和佛罗里达移居到此处。得益于甘蔗出口贸易，西恩富戈斯的财富和影响力均有大幅度提升，其城市面貌也按照新古典主义风格进行改建，成为矩形网格结构。城市规划者试图实现健康城市生活的理念。笔直的街道用来确保空气流通——糟糕的空气正是 19 世纪疾病暴发的主要原因。西恩富戈斯的房屋通常只有两层高，这样太阳光可以照进室内所有的空间。广场设施可以反映出公共生活对于人们的重要性。在之后的建筑阶段中，尽管建筑风格有所折中，但城市风貌依然保持和谐统一。除住宅之外，西恩富戈斯尤其值得一看的建筑还有市政厅、圣洛伦佐学院、大教堂、托马斯·特里剧院和费雷尔宫（文化馆）。

▲ 马蒂广场南侧是于 1928—1950 年建造的西恩富戈斯市政厅。

▲ 2005年，何塞马蒂公园被联合国教科文组织列为世界文化遗产。西恩富戈斯许多重要的建筑都位于这里，如大教堂、市政厅、历史悠久的圣洛伦佐学院、西班牙赌场（如今是一座博物馆）以及费雷尔宫（一座重要的文化中心）。除此之外，富丽堂皇的托马斯·特里剧院也坐落在公园边上（图中左侧）。

格拉玛的德桑巴尔科国家公园

马埃斯特腊山脉边缘的梯田式岩层地质构造构成了独特的石灰岩峭壁系统，为许多稀有的动植物提供了水中和陆地上重要的生存空间。

德桑巴尔科国家公园的名字源于一艘船：古巴革命战争时，菲德尔·卡斯特罗和切·格瓦拉及另外80名同伴于1956年驾驶这艘同名船只在红滩附近登陆古巴（如今在当时的登陆点处有这艘船的复制品供参观）。国家公园内独特的沿海景观和喀斯特地貌以及克鲁斯角附近的洞穴与峡谷是世界上保存最完整的同类景观之一，它由海拔360米的石灰岩阶地构成，一直延伸到水面以下。保护区面积超过400平方千米，位于加勒比板块和北美板块之间的边界上。迄今为止，该国家公园内共有500多种植物被记录下来，其中大约有60%为当地特有。动物界的生物多样性也极其丰富。前哥伦布时期泰诺印第安人的一些洞穴具有历史文化意义。

▲ 鱼类和海牛在沿海水域内嬉戏。

▲ 国家公园的丛林景观。

特立尼达和洛斯因赫尼奥斯山谷

1514年在南岸中部建立的城市特立尼达是古巴最美丽的城市之一。

特立尼达在18世纪和19世纪凭借蔗糖种植和奴隶贸易获得了短期的社会繁荣，城中许多建筑都可以追溯到那个时期。主广场及其翻修的房屋几乎完整地保留了其历史外观，布鲁纳宫和坎泰罗宫可以称得上是西班牙穆德哈尔风格建筑的出色范例。除此之外，塞拉诺广场附近也可以找到源于19世纪的建筑。曾经的一些地主住宅如今已成为博物馆。其他保存良好的建筑还有教堂，如波巴修道院教堂，其巴洛克式的立面简洁大气。许多房屋均为单层建筑，带有游廊和阳台，这种建筑形式为特立尼达带来一抹田园牧歌的气息；而色彩对比强烈的彩色墙体则突出了加勒比轻松自在的氛围。这

▲ 圣弗朗西斯科教堂和修道院在以殖民风格建筑为主的特立尼达城市全景中显得尤为醒目。

项世界遗产还包括甘蔗种植园及其附近洛斯因赫尼奥斯山谷中历史悠久的糖厂。

卡马圭历史中心

卡马圭是西班牙王室最早在古巴建立的7座城市之一。

卡马圭老城见证了欧洲中世纪及其城市建筑文化对殖民时期建筑师的影响。这座始建于1514年的城市曾两度迁址，直到1528年迁至如今的内陆位置才最终定址——它原本位于沿海区域，极易成为海盗掠夺的攻击目标。卡马圭得名于该城市最初建立时所在的印第安部落区域卡马圭巴克斯。这座通过甘蔗和烟草种植而获得广泛独立的城市发展出独特的建筑风格。与古巴其他布局对称的城市不同的是，这里的城市结构虽不规则，却是一个有机的整体。小巷围绕着不同规模的住宅区，让人回忆起欧洲中世纪的建筑群。老城中体现出了不同时代的风格，包括新古典主义、巴洛克和青年艺术风格，它们为卡马圭增添了独特的魅力。

▲ 卡门广场上的圣母卡门教堂以及展现卡马圭日常生活的雕塑。

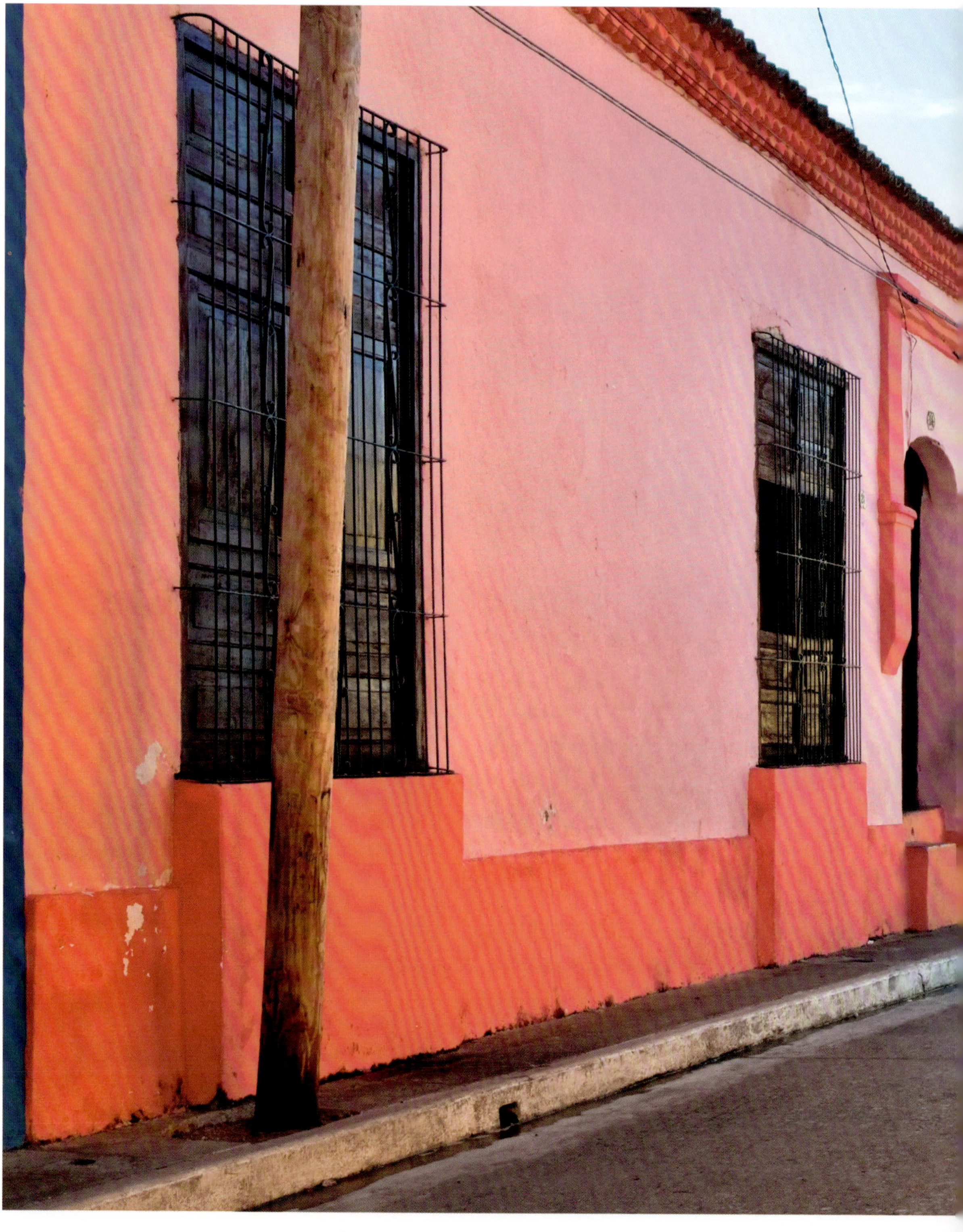

中美洲 129

卡马圭可以算作古巴城市的一个范本,有着典型的古巴风情:老爷车开进城市的大街小巷,房屋的门面都被刷得五彩斑斓。此外,这座城市也是古巴民族诗人和作家尼古拉斯·纪廉的故乡。

古巴东南部第一座咖啡种植园考古风景区

在马埃斯特腊山脚下，古老的咖啡种植园遗址见证了奴隶贸易时期加勒比农业生产的历史和创新。

18世纪末，来自海地的法国难民将咖啡带到了古巴东南部。干燥的气候为咖啡树的种植提供了理想的条件。而对廉价劳动力的需求使得咖啡贸易以及种植园经济的发展与繁荣直到19世纪依然与奴隶贸易密不可分——大约有100万非洲人被贩卖到古巴。种植园周围设有由小路和灌溉系统组成的当地独有的设施。

该项世界遗产分布于圣地亚哥和关塔那摩之间，面积800平方千米，包括171个历史悠久的咖啡种植园遗址。每一处种植园都包括地主庄园、奴隶住所、晒豆露台、机器和作坊。

◀ 拉伊莎贝利曾是咖啡种植园，位于古巴圣地亚哥上方的山丘之上，是较受游客欢迎的旅行目的地。

亚历山大·德·洪堡国家公园

在不甚发达的古巴东部，直至今日仍保留着宏伟的自然景观。

这些自然景观构成了岛上动植物最后的不受人类活动影响的庇护区，其中包括亚历山大·德·洪堡国家公园，它位于同名城市西北部的巴拉科阿山区中，是重要的生物圈保护区。在超过700平方千米的区域中（其中包括约20平方千米的海域）形成了复杂多样的生态系统：有珊瑚礁和红树林的沿海区域、雨林以及托尔多峰周围的山区。超过400种动植物为当地特有——这个数目已经远远超过了如"特有物种中心"加拉帕戈斯群岛（又称科隆群岛）上迄今已知的当地特有生物的最高数目。国家公园得名于著名的德国探险旅行家亚历山大·冯·洪堡，他在1801—1804年在古巴逗留了4个月之久。

▲ 亚历山大·德·洪堡国家公园被誉为"加勒比的诺亚方舟"，是古巴亚马孙鹦鹉等当地特有物种的天堂。

古巴圣地亚哥的圣佩德罗·德拉罗卡堡

圣佩德罗·德拉罗卡堡屡次在地震和袭击中受损，人们反复对它进行修复和扩建。该建筑是西班牙美洲军事建筑保存最完好的范例之一。

古巴岛屿东北部的古巴圣地亚哥由探险家委拉斯开兹在1514年建成。得益于其有利的地理位置，该地区很快成为重要的经济和政治中心。17世纪，西班牙人为了应对来自敌对殖民势力的攻击和海盗的抢劫，在岩石海角上修建了圣佩德罗·德拉罗卡要塞，简称"埃尔莫罗（堡垒）"。设有塔楼、棱堡和火药储藏室的强大防御工事于1638年建成，守卫着进入圣地亚哥海湾的狭长入口。该建筑群为意大利文艺复兴风格，其建筑师胡安·包蒂斯塔·安东内利也是位于哈瓦那的同名要塞的建筑负责人。这些建筑通过几个由楼梯连接的平台立于悬崖之上。

◀▼ "埃尔莫罗"要塞建于古巴圣地亚哥的港湾入口上方。

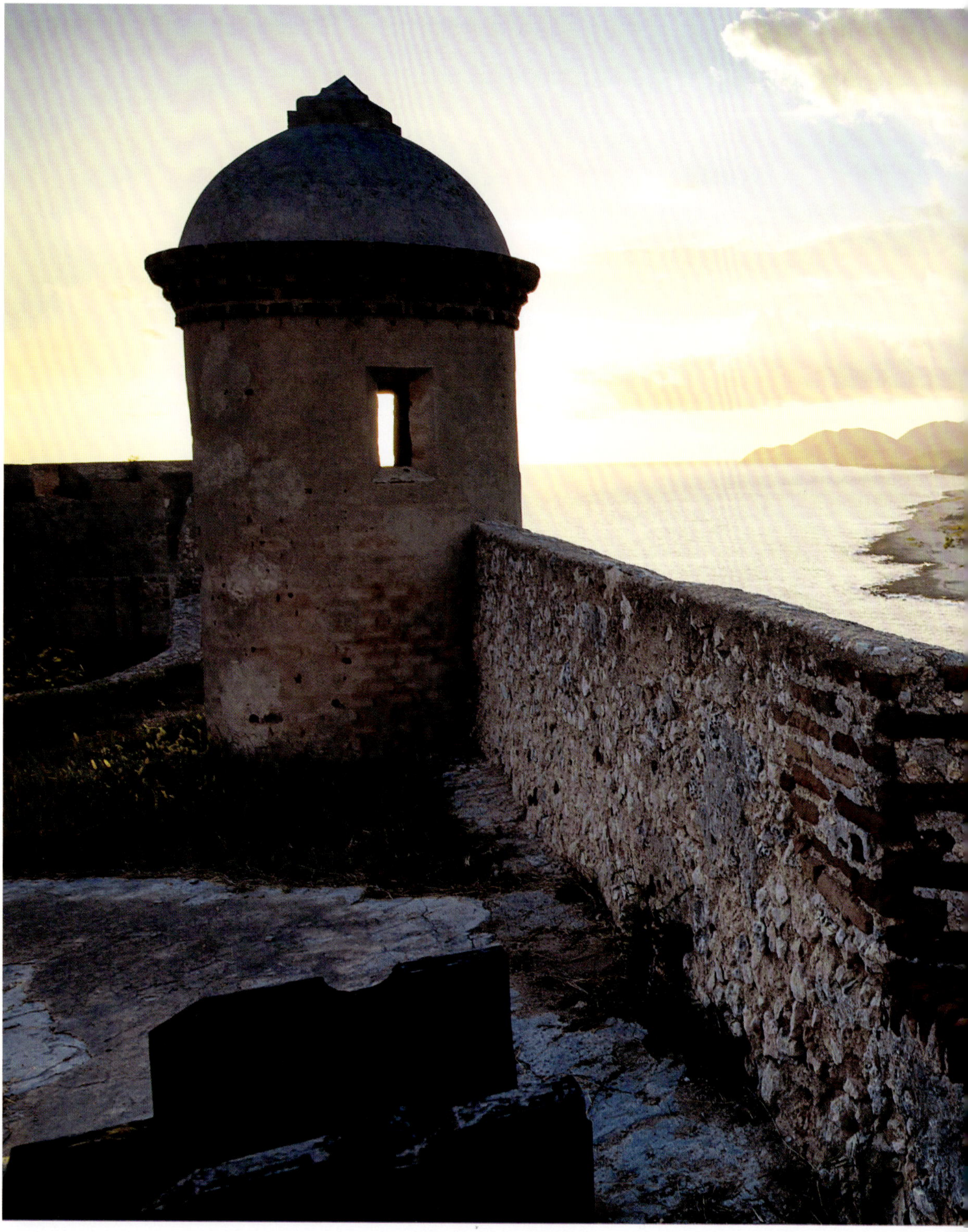

17世纪，人们在一处岩石海角上建起了圣佩德罗·德拉罗卡要塞，简称"埃尔莫罗（堡垒）"。1997年，这座堡垒被列为世界文化遗产。直到今天，这座巨大的防御工事连同它的塔楼、碉堡和火药仓还不失雄伟之风。

牙买加

蓝山和约翰·克罗山

茂盛的热带高山雨林中蕴藏着丰富的动植物种类，也曾为马隆人（从非洲塞拉利昂被贩卖到牙买加的黑人，在种植园中遭受奴役）提供了生存和奋斗所需要的一切——它们现在都受到联合国教科文组织的保护。

蓝山山脉中海拔2256米的蓝山峰是加勒比岛最高的山峰。整个蓝山山脉与毗邻的约翰·克罗山脉一起构成了牙买加最大的国家公园，两者面积约占牙买加总面积的1/5。蓝山山脉地区呈现出极其丰富的生物多样性，举世罕见。在热带高山雨林中生长着罕见的树种、多种蕨类植物、凤梨科和兰科植物。此外，许多动物——如哺乳动物和鸟类也在山林中找到了最后的庇护所。山区同时还具有世界文化遗产的属性：马隆人反抗奴役、争取自由的斗争就发生在这里。他们曾在罕有人迹的山林地区，组织了对英国殖民势力的反抗。

◀ 牙买加首个世界遗产蓝山和约翰·克罗山是世界文化与自然双重遗产。

海地

海地国家历史公园

海地国家历史公园中的城堡、圣苏西宫和拉米尔斯堡垒遗址以及建于19世纪初的建筑都不禁令人回忆起海地摆脱法国殖民统治，宣布独立的那一刻。

1804年，位于大安的列斯群岛中第二大岛伊斯帕尼奥拉岛西部的海地宣告独立。源自这一时期的建筑有圣苏西宫和拉米尔斯堡垒遗址以及拉费里埃城堡，它们构成了海地国家历史公园的主体部分。这项面积约25平方千米的世界遗产位于海地西北部，靠近海地角。建筑的精神缔造者是国王亨利一世，他曾是一位将军，于1811年即位称王。圣苏西宫坐落于迷人的山丘景观中，占地面积约为20公顷，设有政府官邸、一所医院和一个武器库。宫殿为折中主义的混合风格，于1807年由亨利一世统治下获得自由的非洲奴隶们建造而成，现在只有部分得以保留。拉米尔斯堡垒在亨利一世去世后遭到摧毁。

◀ 海拔950米的谢纳·波尼特·莱韦克山峰上云雾缭绕，宏伟的拉费里埃城堡若隐若现。

多米尼加共和国
圣多明各殖民城市

圣多明各是首个欧洲人在新大陆上建立的城市，其城市规划遵循文艺复兴的理想城市范本，是后来西班牙殖民帝国建立美洲新城市的典范。

圣多明各由克里斯托夫·哥伦布的弟弟巴尔托洛梅奥于1498年正式建成。1502年，城市被飓风摧毁后，迁移到内陆地区的奥萨马河岸。如今，圣多明各是多米尼加共和国的首都。城市依照文艺复兴时期的模式，严格按照几何形状划分直角街道网，中间穿插着一些广场，其中包括主广场。在科隆公园周围的历史中心分布着一些美洲最古老的建筑和机构。最具代表性的是1541年建成的圣玛利亚·拉梅诺尔大教堂，教堂部分采用了哥特风格。此外，还有美洲最古老的大学——1538年在多米尼加修道院成立的圣托马斯·德阿基诺大学。人们如今仍然可以参观新大陆最古老的医院——圣尼古拉斯·德巴里医院的遗址。

▲ 源自16世纪的奥萨马堡垒如今是军事博物馆。

圣基茨和尼维斯
硫黄石山要塞国家公园

这一18世纪建成的防御工事位于加勒比海圣基茨岛上的国家公园中央，是新大陆上英国军事建筑保存最完好的范例之一。

早在1690年，英国殖民统治者们就在具有战略意义的硫黄石山上架起了首批火炮，以保护这一因糖类贸易而格外令人眼红的地区免受其他竞争势力的侵扰。到1782年法国舰队征服此处时，这一要塞已经在100多年的奴隶劳动中被扩建为一个强大的建筑群，有1000多位士兵镇守。然而法国的统治仅仅持续了很短时间。1851年，硫黄石山遭到废弃，沦为废墟。重建的建筑群占地超过16公顷，其中包括一所医院、多个弹药仓库以及军官宿舍。最雄伟的建筑是乔治要塞城堡和威尔士王子棱堡，这两座城堡的城墙由火山岩建成，坚实厚重，可以抵御敌军火力。

▲ 硫黄石山是美洲大陆上保存最好的历史防御工事建筑之一。

多米尼克

毛恩特鲁瓦皮顿山国家公园

在多米尼克海拔1342米的毛恩特鲁瓦皮顿山山脚处，坐落着同名的国家公园，该公园因其物种丰富的热带森林和火山景观而闻名。

毛恩特鲁瓦皮顿山国家公园建于1975年，近7000公顷的面积上分布着包括雾林、雨林、湖泊和瀑布等多种生态环境，为众多动植物种类提供了生存空间。公园中登记有21种仅在这一生态环境中出现的植物种类；森林中栖居着约50种鸟类，其中包括一种濒临灭绝的鹦鹉。在活火山毛恩特鲁瓦皮顿山附近，各异的火山现象令人叹为观止。在陡峭的岩石与植被茂盛的山谷之间，有大约50个火山喷气口、温泉以及5个活火山口；炽热的泥浆在沸湖中汩汩冒泡；"翡翠池"的光怪陆离同样得益于火山作用——毛恩特鲁瓦皮顿山国家公园为研究活跃的地理形态过程提供了理想的场所。

◀ 多米尼克国的国鸟：帝王亚马孙鹦鹉。

▼ 毛恩特鲁瓦皮顿山雨林上空的雷暴。

📍 巴巴多斯
布里奇敦及其军事要塞

在巴巴多斯的首都布里奇敦的历史中心坐落着源自17—19世纪的保存良好的英国殖民时期建筑，是英国殖民地建筑的杰出范例。

　　该世界遗产还包括临近的一处军事要塞。1536年，葡萄牙船长佩德罗·坎波斯作为第一位登上这座安的列斯群岛最东部岛屿的欧洲人，因为该岛形状神似无花果树胡须状的气生根，所以将岛屿命名为"巴巴多斯岛"（"巴巴多斯岛"为音译，字面意为"胡须小岛"）。直到1625年英国人约翰·鲍威尔在这里升起英国国旗时，这座小岛才逐渐为人所知。此后300多年的英国殖民历史对这个加勒比岛屿的图景产生了深刻影响：根据1966年11月30日的宪法，巴巴多斯成为英联邦成员国。1648年，卡莱尔伯爵在加林内治河边建立了布里奇敦。

▲ 巴巴多斯博物馆设在前军事监狱中，记录着巴巴多斯的殖民历史。

　　英国殖民时期的建筑除了分布在布里奇敦历史中心，还可以在其西南部的英国军队驻屯地建筑群及其练兵场中看见。该练兵场如今主要作为板球比赛场地使用。

📍 圣卢西亚
皮通山保护区

"皮通山"指的是加勒比海圣卢西亚岛屿上两个从海洋中升起的700多米高的锥状火山栓。

　　皮通山保护区位于苏弗里耶尔附近的圣卢西亚岛屿西南部，占地面积近30平方千米，其主体部分由大皮通山（770米）和小皮通山（743米）以及连接两者的山脊、带有喷气孔的硫黄蒸汽区域、温泉以及毗邻的海洋区域构成。水下区域被珊瑚覆盖的面积曾一度接近60%，可惜其中大部分在1999年的飓风"莱尼"登陆时被毁。通过设立禁渔区，水下区域得到了一定恢复，如今皮通山附近的水域已成为全加勒比海物种最丰富的地区之一：人们已经在此处发现了约170种鱼类、60种刺胞动物、14种海绵动物、11种棘皮动物、15种节肢动物以及8种环节动物。陆地上最主要的植被

▲ 从皮通山的安斯海湾看向小皮通山。小皮通山与大皮通山被誉为"加勒比海的怀抱"。

是带有小型干燥林区域的热带雨林。大皮通山上记录着约150种植物，小皮通山有约100种植物。近30种鸟类生活在这里，其中有5种是当地特有物种。

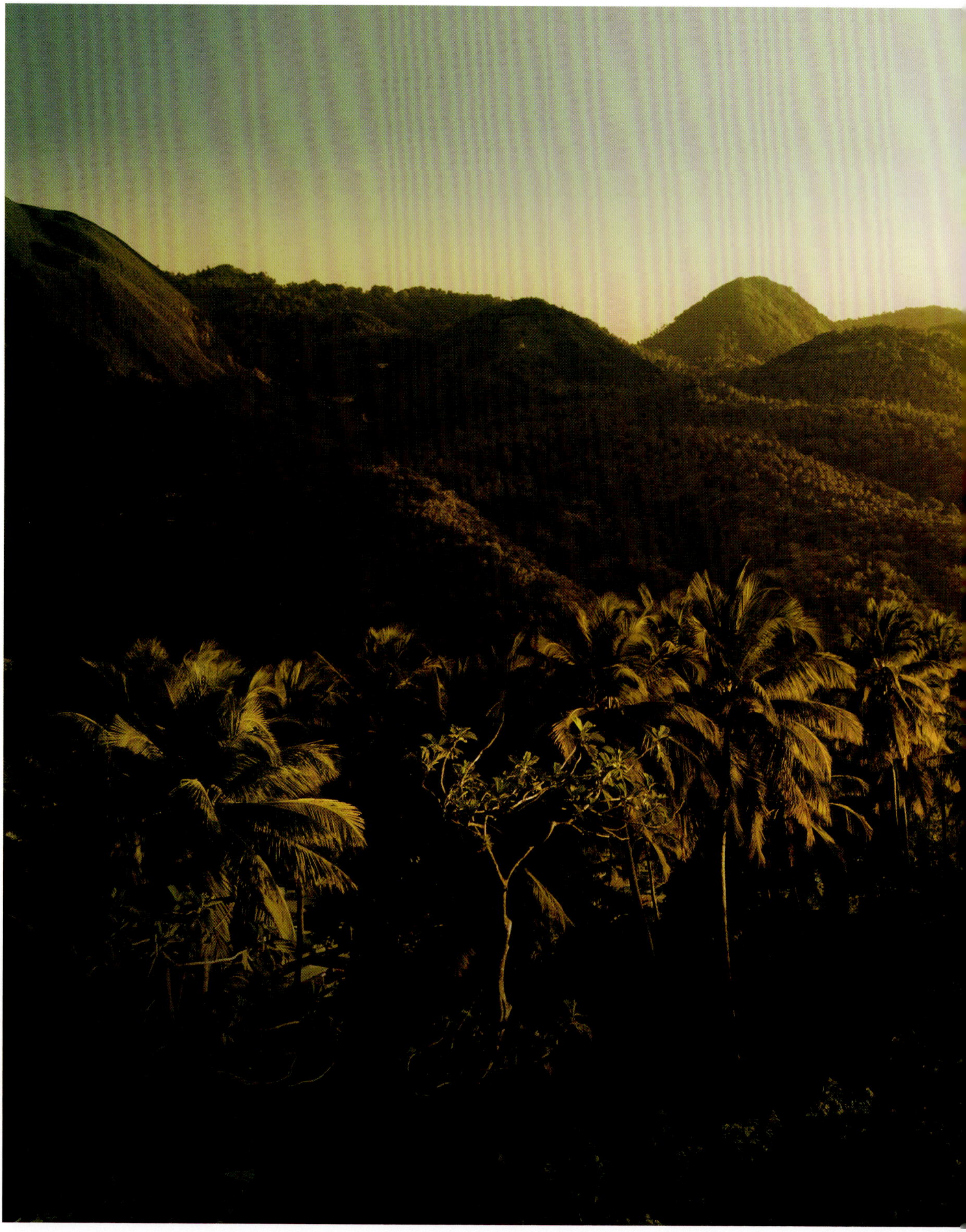

英国人和法国人亲切地称圣卢西亚为"西印度群岛美丽的海伦"。这两个国家深深地影响了该岛的历史，圣卢西亚岛在两国的势力范围之间转手了不下14次。宏伟的皮通山双子峰矗立在岛屿西南海岸，是这座加勒比海岛的标志。一架山梁将双峰彼此相连。

◀ 秘鲁库斯科的兵器广场。

▼ 金狮面狨是濒危物种，目前，对这种动物的育种和放生工作进行得较为顺利。如今已有约1000只金狮面狨重返大自然，再度在这片大西洋沿岸的巴西热带雨林中生活。

南美洲

哥伦比亚

卡塔赫纳

哥伦比亚这座加勒比海沿岸的港口城市曾经是重要的奴隶集散点。壮观的防御工事、港口和老城内殖民时期的建筑遗迹都被列入《世界遗产名录》。

卡塔赫纳城始建于1533年，因其在加勒比海沿岸的有利位置，很快发展成为繁荣的黄金和奴隶贸易中心。16世纪中叶，海盗袭击日益频繁，城市开始修建防御工事。1585年，当英国的海盗弗朗西斯·德雷克爵士将卡塔赫纳洗劫一空后，城外建起了一座高12米、厚18米的城墙。作为新大陆最大的城墙，它在18世纪时抵挡住了英国人的攻击——如今圣托里维奥教堂内一枚没入墙中的炮弹仍让人不断回忆起这段往事。被城墙包围的老城分为3个区域：圣佩德罗区的地主住宅有着豪华的大门和花朵装饰的庭院，是上层社会的居住地；圣地亚哥区是商人的居住区和贸易区；赫塞马尼区则主要是非洲裔平民的生活区。最重要的建筑包括16世纪的大教堂和18世纪的宗教裁判所。

▶ 卡塔赫纳大教堂于20世纪初重建。塔楼便是建筑师加斯东·勒拉尔热在重建的过程中设计而成的。它的色彩鲜艳绚丽，十分引人注目。

◀ 圣佩德罗·克拉韦尔教堂在城市景观中显得十分醒目。

◀ 傍晚时分的圣费利佩·德巴拉亚斯城堡。

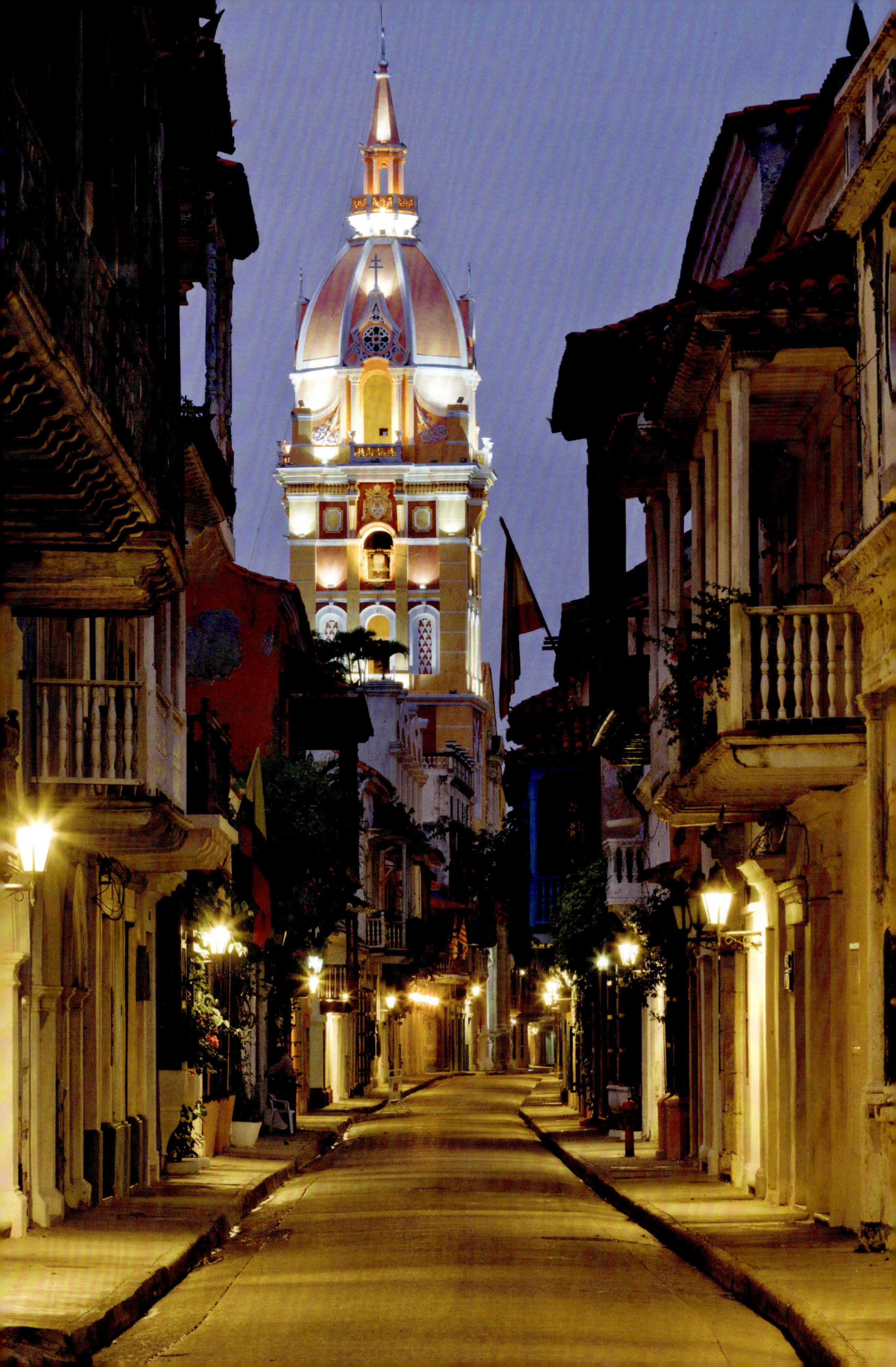

蒙波斯的圣克鲁斯历史中心

从 16 世纪到 19 世纪，蒙波斯的圣克鲁斯一直是马格达莱纳河边重要的贸易城市。

▲ 老城的教堂是西班牙殖民时期巴洛克风格的独特体现。

如今，当人们漫步在这一保存良好的历史中心，恍然间仿佛置身于殖民时代。蒙波斯的圣克鲁斯老城位于马格达莱纳河岸，在卡塔赫纳以南约 250 千米处，是哥伦比亚最古老、最美丽的殖民城市之一。长期以来，它一直是通往卡塔赫纳的商业路线上的一处重要的内河港口。如今，马格达莱纳河改道后不再从这里经过，城市也失去了其经济地位。这一历史悠久的城市中心与哥伦比亚特有的西班牙殖民时期巴洛克风格的建筑交相辉映，看起来仿佛露天博物馆一般。与其他地方常见的中央广场不同，在蒙波斯，城市的中心由 3 个经奥巴拉达大道相连的广场构成，它们分别是拉康塞普西翁广场、圣弗朗西斯科广场和圣芭芭拉广场。每个广场都拥有一座建于 16 世纪的教堂，其中具有巴洛克风格塔楼的圣芭芭拉教堂最为特别。其他杰出的建筑和教堂位于梅迪奥大道旁。

洛斯卡蒂奥斯国家公园

洛斯卡蒂奥斯国家公园位于哥伦比亚西北部，园中丘陵景观被雨林和沼泽覆盖。这一国家公园虽地处偏远，但为濒危动物和稀有的当地特有植物提供了受保护的生存空间。

该国家公园面积为 720 平方千米，其东部位于阿特拉托河的沼泽地区，毗邻巴拿马的达连国家公园；其西部包括西部安第斯山脉的分支达连山脉崎岖不平的东部丘陵地区。这里高温潮湿，年平均降水量超过 3000 毫米，植被以低地沼泽森林和热带雨林为主。除此之外，这里还生长着许多珍贵的树木，如轻木和橡胶树。这片原始森林地区地处偏僻，人迹罕至。公园内动植物的物种异常丰富多样，多种当地的特有物种在此得到了保护。生活在这里的有美洲狮和美洲豹等豹亚科动物，此外，还有食蚁兽、树懒以及吼猴、卷尾猴、绒毛猴等不同猴类和貘。

◀ 一些中美洲特有的动物在这里出现，例如灰凤冠雉。

哥伦比亚咖啡文化景观

哥伦比亚咖啡文化景观位于哥伦比亚西部安第斯山脉中西部的山麓海拔 1000—2000 米处,是传统种植的、可持续的以及如今仍然富有生产力的文化景观的杰出范例。

这项世界文化遗产包括安第斯山脉支脉中 6 个具有代表性的种植区域——卡尔达斯、金迪奥和里萨拉尔达 3 个省份,以及马尼萨莱斯、亚美尼亚和佩雷拉 3 座城市——因此人们也称其为咖啡三角区。温和的气候和多火山的中科迪勒拉山脉富饶的土壤成就了绝佳的阿拉伯咖啡:全世界出产的约 10% 的高地咖啡和约 50% 的哥伦比亚咖啡都来自这里。该地区上百年的咖啡种植传统始于此地的住民,他们在 19 世纪对抗西班牙殖民势力的独立战争中从安蒂奥基亚省北部逃亡至此。因此,当地"咖啡城"区的建筑以受西班牙影响的安蒂奥基亚殖民建筑为主。

▲ 上图为咖啡区核心地带典型的咖啡种植园,是长期的咖啡种植对自然景观塑造的直观展现。

铁拉登特罗国家考古公园

铁拉登特罗国家考古公园位于哥伦比亚南部的中科迪勒拉山脉,园中分布着大量地下墓葬。这些地下墓穴规模宏大,在墓穴入口处建有台阶,在南美洲尤为特别。

铁拉登特罗国家考古公园包括多个 6—10 世纪的前哥伦布时期墓葬区,如阿瓜卡特山、圣安德烈斯山、塞哥维亚山和杜恩德山墓葬区,除此之外还有塔夫隆地区的石像群。遗址考古发现,当时的农业文明已经具有高度发达的死亡祭仪:地下的墓穴神庙用于保管骨灰罐;骨头残余表明这里并没有统一的墓葬习俗。除了简单的竖穴墓室,公园还包括从岩石中凿出的大型半圆形墓穴,可以通过石制螺旋台阶进入。在墓穴厚达 12 米的墙上装饰着大量几何图形的图案,这些图案是用红色和黑色的染料在白色的背景上绘制而成的。人们还在一些陶瓷

▲ 博戈塔黄金博物馆中出自铁拉登特罗的一个黄金面具。

骨灰罐中发现了奢华的黄金首饰,据推测,这些首饰很可能是陪葬品。

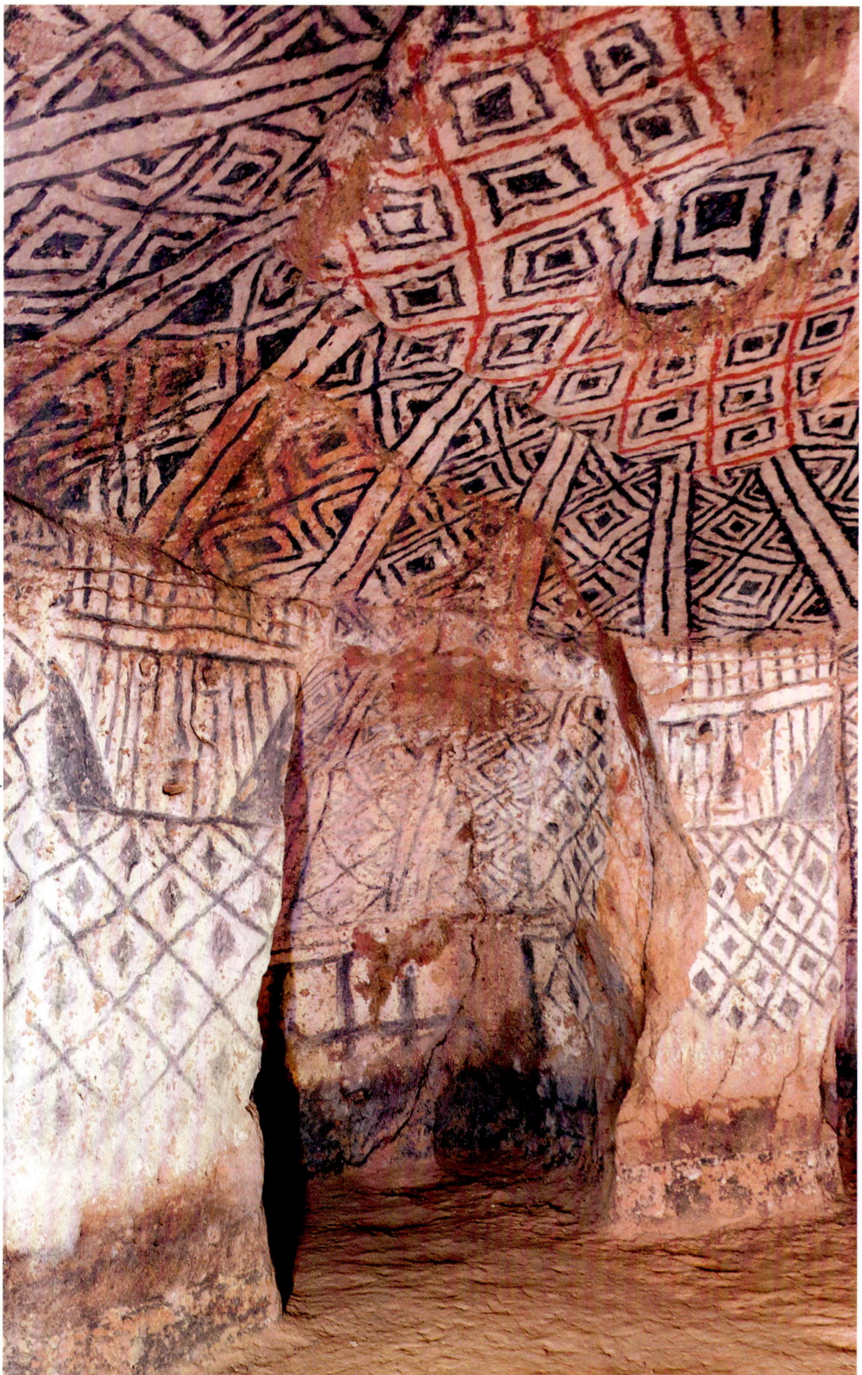

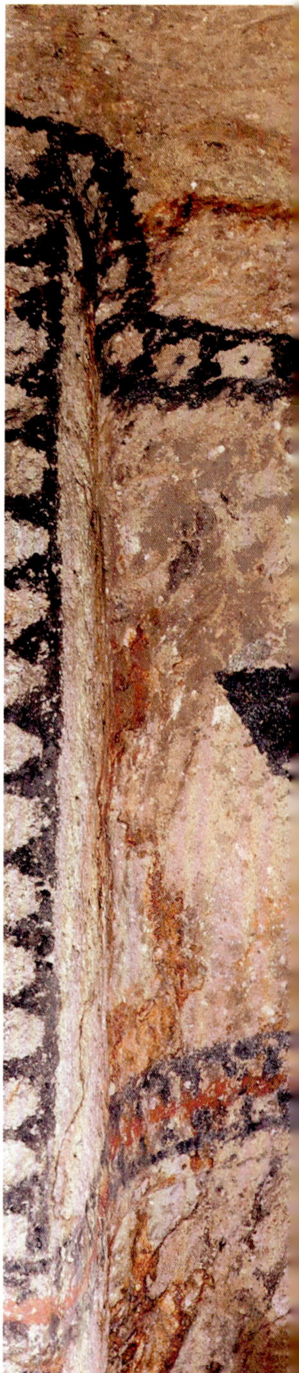

红、白、黑三色调的几何图案与纹样装饰着塞哥维亚山丘上的墓穴。通过地面上的开口可以进入这些墓穴，其中有些还铺设有石阶。

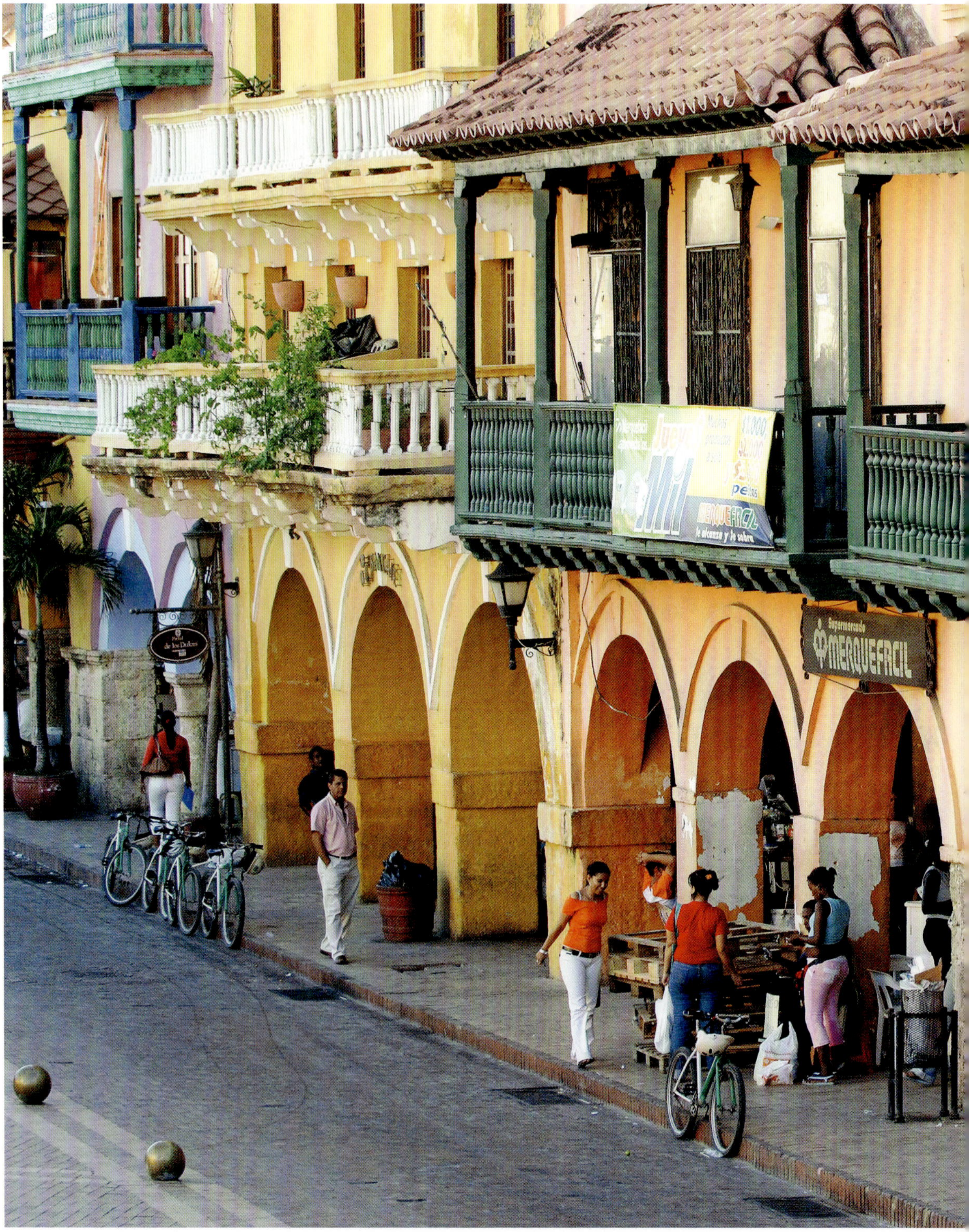
MERQUEFACIL

拱廊、阳台和扶栏装点着这座城市殖民时期留下的许多建筑。生机勃勃的海关广场上也是一片缤纷，许多店铺和咖啡厅都聚集在这里。

马尔佩洛岛动植物保护区

马尔佩洛岛动植物保护区位于东热带太平洋，包括孤立的马尔佩洛岛以及周围占地约8500平方千米的海洋保护区。

马尔佩洛岛面积仅3.5平方千米，距哥伦比亚太平洋沿岸大约500千米。马尔佩洛岛所属的海洋走廊连接了多个世界遗产地区，如加拉帕戈斯群岛（厄瓜多尔）、科伊瓦岛（巴拿马）和科科斯岛（哥斯达黎加），其周围的海床最深可达3400米。这片水域因其带有礁石、深峡以及洞穴的多样水下景观，而成为很受欢迎的潜水区。在各洋流的作用下，这里形成了丰富的生态系统。鲨鱼的数量尤其多：除了双髻鲨、鲸鲨和丝鲨，这里还有十分稀少的短鼻锯鲨。此外，这里还有鲭鱼、曼塔魟鱼、海马、金枪鱼、梭子鱼、鲣鱼和笛鲷。海龟和当地特有的海星在这里找到了庇护地，燕尾鸥和夏威夷海燕在空中翱翔。值得一提的是，该保护区还是世界上最大的蓝脸鲣鸟栖居地。

▲ 马尔佩洛岛周围的海域是众多海洋动物的繁殖区，其中包括约200种鱼类。

▲ 红鲷鱼。

圣奥古斯丁考古公园

圣奥古斯丁考古公园位于铁拉登特罗南部不远处，拥有南美洲最多的宗教古迹和巨石雕塑，是本国最重要的考古遗址。

这一地区位于东科迪勒拉山脉与中科迪勒拉山脉交会处，早在公元前10世纪就已有人在这里定居。这项世界文化遗产包括3个考古遗址，即三者中最大的圣奥古斯丁遗址、石像山遗址和石碑山遗址。定居在这里的圣奥古斯丁文明在其鼎盛时期建造了无数的竖穴墓、坟冢和坟包。更令人瞩目的是该神秘文明标志性的"石像"，其创造者应为定居于南美洲北半大陆的中美洲民族。这些石制的人像和动物像令人联想到中美洲玛雅文化的神像，其中鹰像和蛇像都是玛雅文化中重要的神圣动物。8世纪，这一神秘文明开始走向衰落，15世纪时彻底消亡。这些石像的面孔在发展过程中在形态上愈发现实主义化。

▲ 人们在这里发现了大约400个石像。

▲ 考古人员在石制墓穴中发掘出了石棺。

152 一生必去的世界遗产：走进美洲

这些巨大的人形石像是圣奥古斯丁考古公园最主要的景点。在这些超出常人大小的石质立像和头像中，许多都有着一张宽大的嘴巴和猛兽般的巨型獠牙，十分引人注目。下图叼着一条蛇的鸟人雕塑也是它们中的一员。

印加路网——安第斯主干道

当第一批西班牙人在 500 年前来到印加帝国时,他们惊讶地发现当地已经有了发达的道路系统。曾经的主干道"安第斯主干道"(意为"美丽的道路")如今是南美洲覆盖面最广的考古遗迹。

曾经的印加主干道沿着安第斯山脉的山脊延伸,绵延约 6000 千米,从哥伦比亚经过厄瓜多尔、秘鲁、玻利维亚和阿根廷再到智利(其中马丘比丘小径是最著名的路段)。以安第斯主干道为中轴,一个长约 3 万千米的分支众多的道路网得以建成,构成了印加帝国通信、贸易、掠夺和实施政治统治的核心基础设施。如今,游客只能参观路网的一小部分。自 2014 年起,主干道中大约有 720 千米成为世界遗产,其中有阶梯状的小道、狭长的木制索桥以及最宽可达 20 米的铺设鹅卵石的"公路"。该世界遗产还包括 291 处道路周围的考古遗址(信差和驮畜的休息站、街道岗哨和军队岗哨、仓库和祭祀场所)。被收录进《世界遗产名录》的路段展现了印加帝国当时尽管在工艺上仍处于青铜时代水准,却能在自然条件最困难的地带和不同的生态区(太平洋平原、高地平原、高山山脉等)创造出独一无二的社会、政治、建筑和工艺成就。印加路网途经很多原住民地区,如今在这些地方仍生活着固守传统的原住民。

▶ 街道的局部构造不同:有的只是简单的狭长小道,有的则用大石块铺砌而成。

▼ 部分印加路网的道路与现代的鹅卵石街道十分相似。

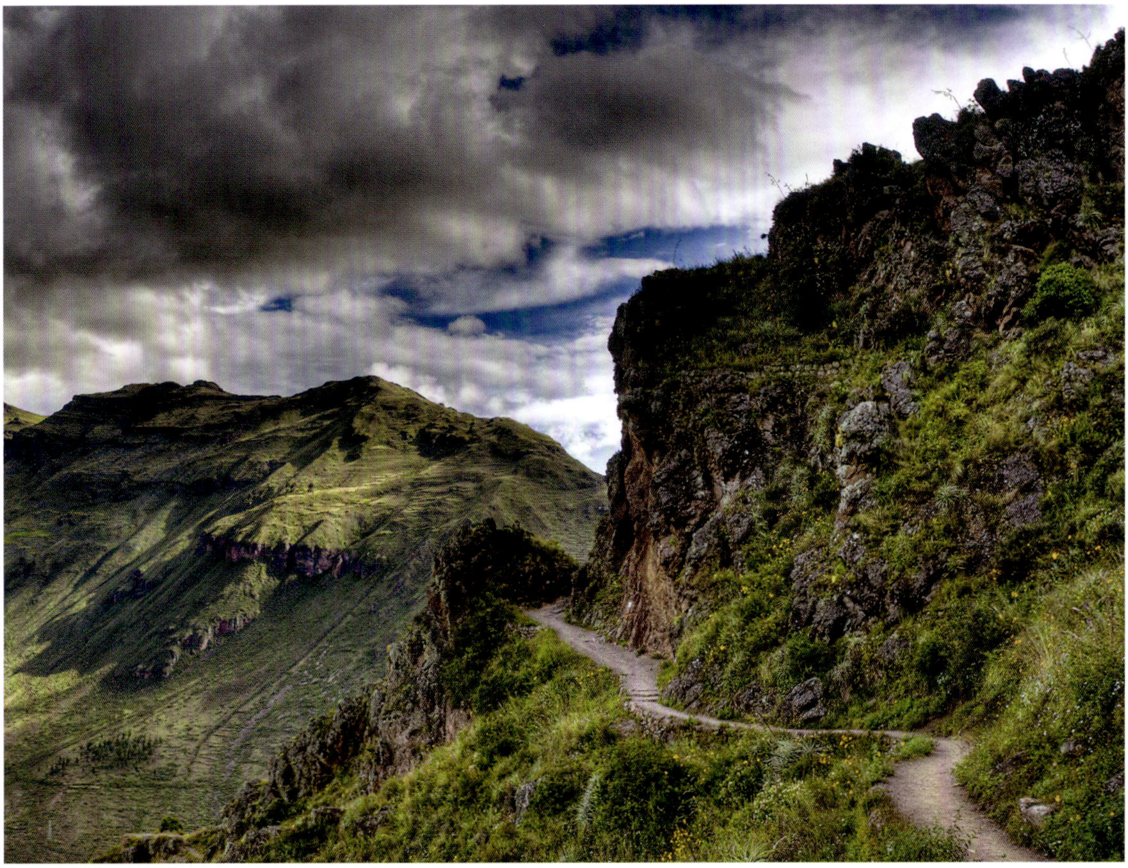

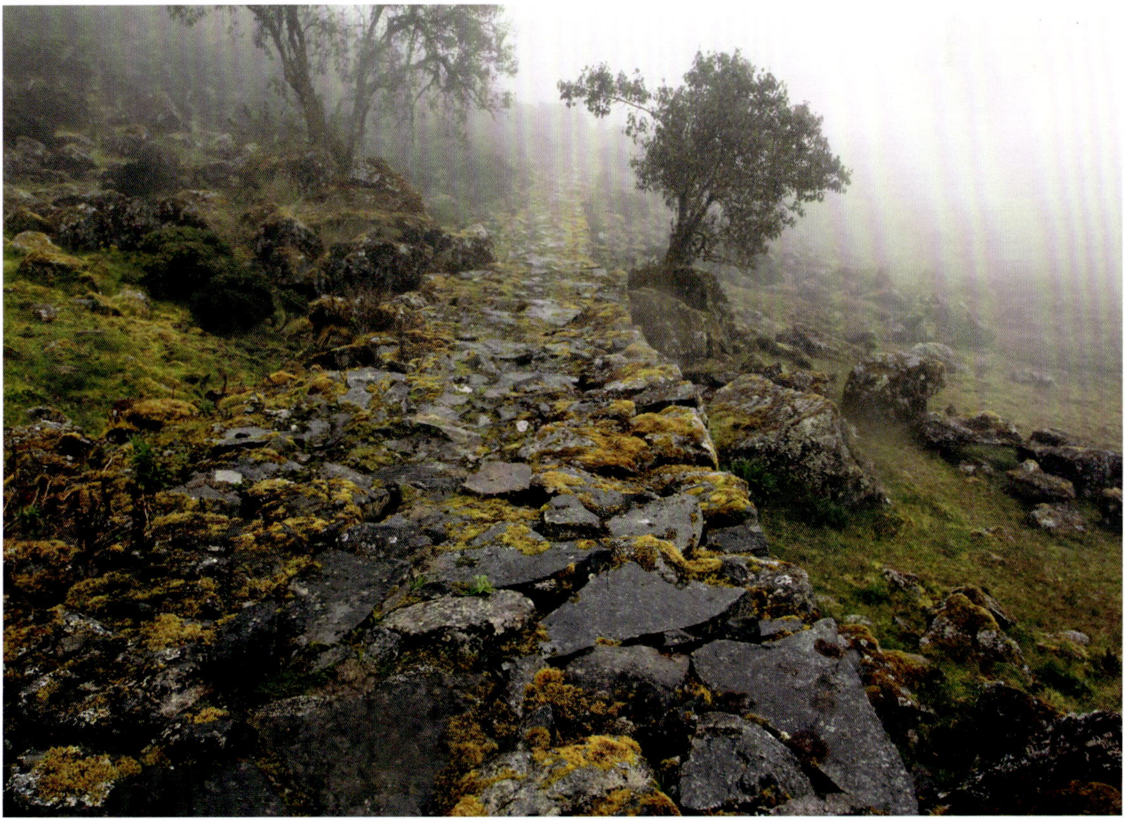

厄瓜多尔

基多旧城

厄瓜多尔的首都基多是在一个印加城市的废墟上建立起来的。在南美洲的所有大都市中，基多旧城最能够直接体现西班牙殖民城市的特色和氛围。

基多海拔2850米，不仅是南美洲仅次于拉巴斯的海拔第二高的首都，同时也是最古老的首都。早在印加时代之前，这处被火山环绕的高原盆地就已经有卡拉印第安人定居。在瓦伊纳·卡帕克统治下，这里发展成为印加帝国第二大行政中心。印加人为逃离西班牙征服者，任其北部帝国的首都被摧毁。1534年，西班牙征服者塞瓦斯蒂安·德贝拉尔卡萨在废墟之上建造了"圣弗朗西斯科·德基多"。基多旧城在殖民时代曾是上层社会的居住地；如今，它仍是南美洲殖民时代艺术珍品分布最为集中的地点。圣弗朗西斯科教堂建于16世纪下半叶，是在一座印加宫殿的废墟上建起来的，是基多旧城中极为重要的建筑。城市中最大最古老的教堂耶稣会是以所谓的"基多学派"的风格设计的，这种风格完美地融合了西班牙、意大利、摩尔、佛兰德以及当地的艺术元素。源于16世纪的天主教堂在经历了地震后于1755年得以重建。"基多巴洛克风格"的建筑还包括建有念珠祷告小礼拜堂的圣多明各大教堂和孔帕尼亚耶稣大教堂。

▶ 从上至下依次为圣多明各修道院（上图）、耶稣会的孔帕尼亚耶稣大教堂（中图和下图）。

◀ 圣弗朗西斯科广场后的孔帕尼亚耶稣大教堂。

◀ 圣弗朗西斯科教堂。

南美洲 157

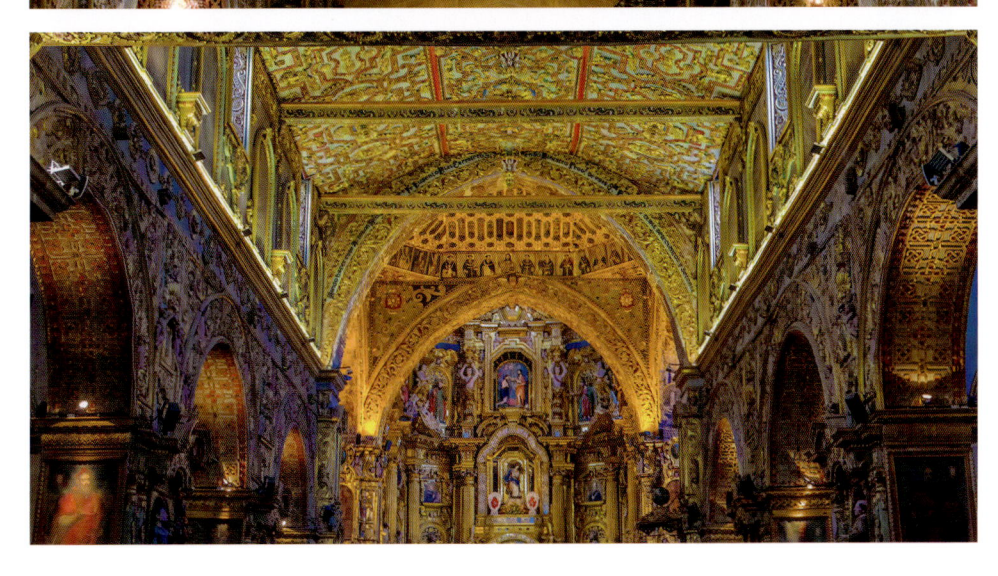

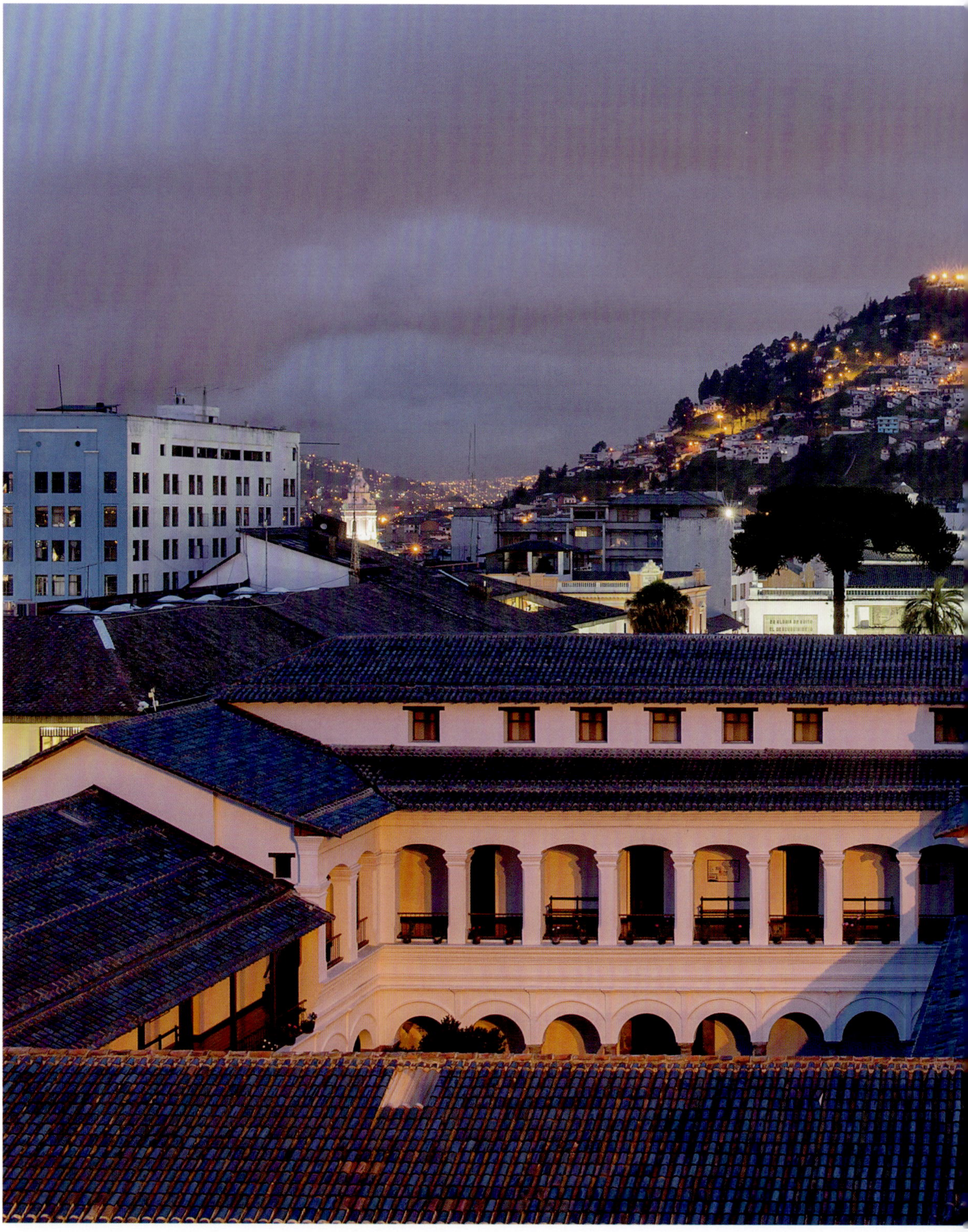

基多是世界上海拔第二高的国家首都。殖民时代的过往给这座城市打上了深深的罗马天主教烙印：城内大大小小的修道院和教堂星罗棋布。

桑盖国家公园

桑盖国家公园位于厄瓜多尔的安第斯山脉中部。这一地区是稀有动植物的家园,两座至今仍然活跃的火山赋予其特别的魅力。

难以抵达的桑盖国家公园包括 3 个景观地区:海拔 2000—5000 米的带有火山的高安第斯山脉,海拔 1000—2000 米的东部丘陵,以及下方的冲积扇。中央高原主要有通古拉瓦火山(5016 米)和桑盖火山(5230 米)两座活火山以及熄灭的圣坛火山(5319 米)。随着高度不断升高,热带典型的植被层依次显现:热带的低地雨林自 2000 米起过渡为较低的山地雨林,然后是 4500 米以上的荒野草原,4800 米以上是永久积雪区。动植物界都受益于原始景观的地理隔离。桑盖国家公园已记录了 3000 多种植物种类,鸟类大约有 500 种。这里还有哺乳动物:除了貘、水獭和眼镜熊,还有美洲狮、美洲豹和美洲豹猫在原始森林里游荡。

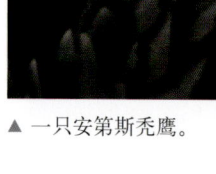

▲ 一只安第斯秃鹰。

▲ 令人印象深刻的火山主导了桑盖国家公园的外观，其中有活火山通古拉瓦火山。

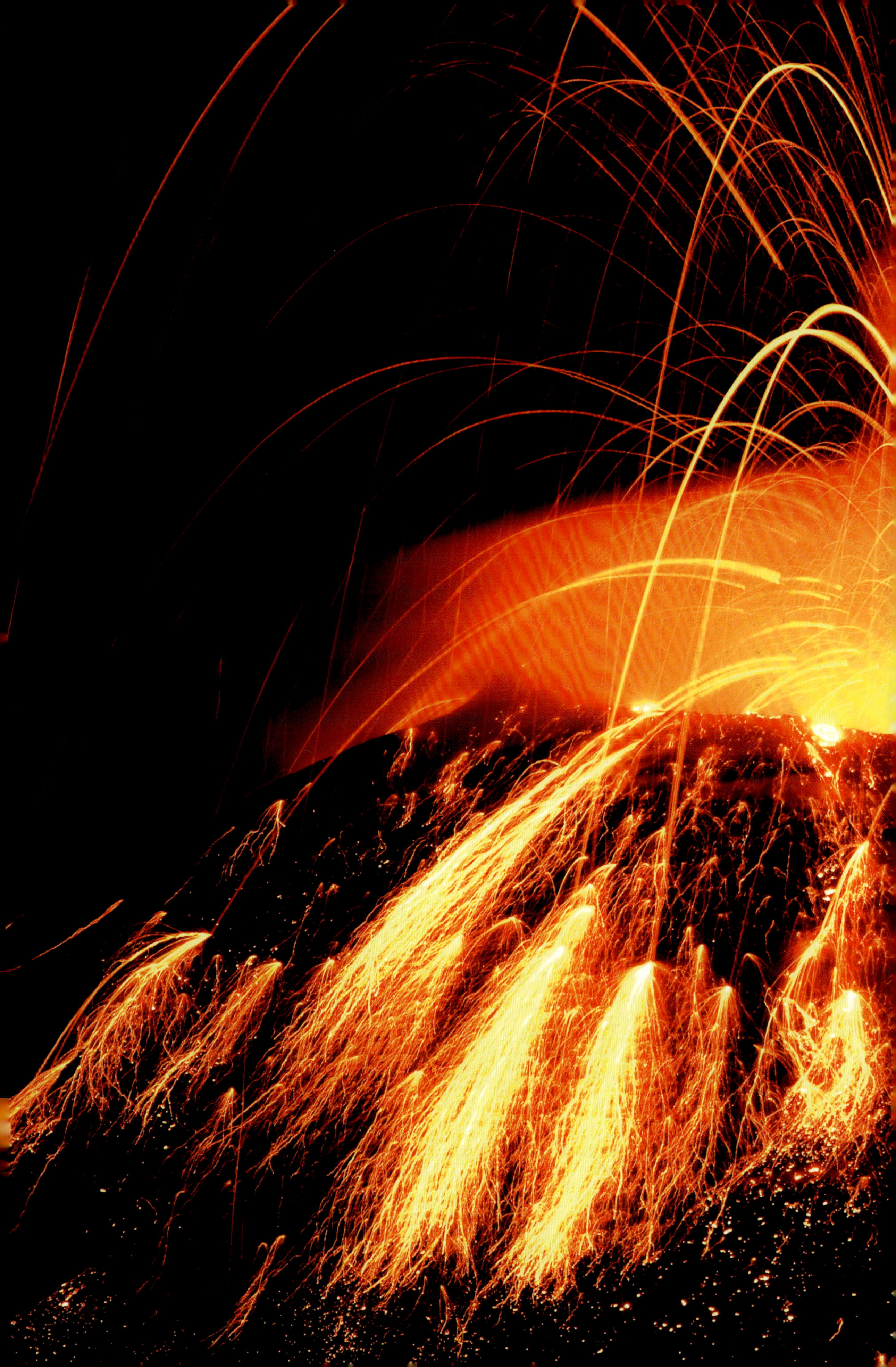

"通古拉瓦"一词来源于克丘亚语，直译过来的意思是"火焰之喉"。在很长的一段休眠期后，桑盖国家公园的这座火山于1999年再度喷发，又一次名扬天下。

昆卡古城

昆卡位于厄瓜多尔南部的高原盆地,是南美洲西班牙城市规划和建筑风格的杰出范例。

这个厄瓜多尔如今的第三大城市位于海拔 2595 米处,被安第斯山脉诸峰包围。早在西班牙人到来之前,这里已经是印加帝国的中心。然而当吉尔·拉米雷斯·达瓦洛斯在 1557 年建立昆卡的洛斯·里奥斯·圣安娜(意为"四河之地"圣安娜)时,这座曾经的印加统治者瓦伊纳·卡帕克的都城只剩一片废墟——当时这座城市已遭摧毁并被废弃。西班牙人在建设昆卡时以中央广场为城市中心,按照垂直城市规划原则,设计街道呈棋盘状分布——该中央广场即阿夫东·卡尔德龙广场。1557 年,这里还建起了带有低矮钟楼的老教堂。其对面的新教堂在整个城市景观中异常突出。西班牙殖民建筑的典型范例还有建于 1599 年的康塞普西翁修道院和 1682 年完工的赤脚圣衣会修道院。当地建筑元素与欧洲建筑元素的融合赋予了这座城市独特的魅力。对许多人而言,昆卡作为"厄瓜多尔的雅典",是该国最美丽的城市。

▶ 昆卡的"旧主教堂"——圣坛教堂已经不再具备教堂的功能,现在这里是一座展出基督教艺术的博物馆。主殿内有一幅描绘最后晚餐的画像,画面中的人物有真人大小。如今,城里主要的教堂是康塞普西翁大教堂,人们称它为"新主教堂",建于 19 世纪。

▼ 昆卡的圣多明各教堂。

南美洲 165

查尔斯·罗伯特·达尔文

英国人查尔斯·罗伯特·达尔文是19世纪最重要的自然科学家之一。在结束神学学业之后,他在植物学教授约翰·史蒂文斯·亨斯洛的推荐下,乘坐的"贝格尔"号考察兼测量舰进行了为期5年的航行。在这次航行中,他越过佛得角群岛,绕过南美洲的东西海岸到达加拉帕戈斯群岛,抵达塔希提岛以及新西兰、毛里求斯、开普敦和圣赫勒拿。在旅途中,这位年轻的研究员在进行了大量观察的同时收集了岩石和动植物的单独标本。这些标本极大地丰富了地质学、植物学和昆虫学领域的新知识,据说是达尔文一生的研究对象。不过,达尔文最杰出的成就是他对现代进化理论的发展。该理论认为,物种的多样性源于地球上自然生存条件的多样性,对生存条件的适应保证了物种的生存和繁衍。达尔文直到1858年才发表了这项具有革命性的理论,当时自然科学家艾尔弗雷德·拉塞尔·华莱士已将类

加拉帕戈斯群岛国家公园

加拉帕戈斯群岛的火山岛得益于其孤立的地理位置,在发展中呈现出生动独特的生物进化图景。

在太平洋中间距厄瓜多尔西海岸约1000千米处,有一处火山口,火焰和岩浆从地球内部渗出至地表。这里形成的壮观的群岛由12个大火山岛和100多个较小的火山岛构成。最东部有着最古老的岛屿,形成于240万—300万年前。3条洋流环绕着群岛,其中包括秘鲁洋流,它将冰冷的极地水流带到此处赤道地区。来自中美洲和南美洲热带及亚热带地区以及来自印度洋、太平洋海域的生物都随着洋流来到加拉帕戈斯群岛,这里因而成为多物种的大熔炉。群岛孤立的地理位置为动植物独特的进化史提供了绝佳的前提条件。达尔文1835年的到访使该群岛世界闻名。他观察到几乎完全相同的雀类:这些雀生活在不同岛屿上,在适应环境的过程中形成了不同的喙形。这为他日后完善进化论提供了重要的认知。加拉帕戈斯群岛是鸟类和爬行动物的天堂。与此相反,只有少数哺乳动物来到此处。群岛上生活的大部分动物都是当地特有的。其中神奇的物种包括不会飞行的加拉帕戈斯群岛鸬鹚,还有加拉帕戈斯陆鬣蜥、海鬣蜥以及加拉帕戈斯象龟等。国家公园90%的面积为陆地,此外还有一处海洋保护区。

▶ 加拉帕戈斯象龟(巨大的陆龟,群岛便得名于此)是严重濒危物种。在15个已知的亚种中,有5种已经不幸灭绝。

似的观点公开发表。达尔文的著作《物种起源》于1859年问世。他的第二部重要作品《人类的起源》于1871年出版。

◀ 达尔文的老年肖像。

▶ 蝙蝠及其"特殊习性"是达尔文物种研究的一部分。

▲ 平纳克尔岩是十分受欢迎的拍照地点。

▲ 伊莎贝拉岛的地貌以火山为主。

▲ 加岛信天翁是唯一在热带地区出现的信天翁。

▲ 同加拉帕戈斯群岛上生存的所有35种爬行动物种类一样，加拉帕戈斯陆鬣蜥也是当地特有的物种之一。

▲ 熔岩蜥蜴在海鬣蜥的头上寻找昆虫。

168　一生必去的世界遗产：走进美洲

世界上没有任何一个地方能像加拉帕戈斯群岛一样受到大自然如此慷慨的馈赠。就连极为罕见的生物——比如象龟——都在这里生存了下来。这些从自然演化的开端就在加拉帕戈斯群岛上生存的动物在地球上的其他区域根本无法繁衍至今，它们之中的 95% 直到今天还一直生活在群岛上。

秘鲁

昌昌城考古地区

昌昌城考古地区是一处奇穆印第安人的遗址。昌昌是美洲在前西班牙时代最大的城市之一。

昌昌城曾是强大的奇穆帝国的首都，位于如今的特鲁希略附近，面积约20平方千米，在15世纪时处于鼎盛时期，是古拉丁美洲城市规划的杰作。昌昌城考古地区形象生动地揭示了当时奇穆人的政治生活和社会结构。城中建筑由风干的土坯砖和黏土水泥板构成。除却一个港口，城市还建有运河和高架渠系统，以便从腹地向城中供水。城市中心由众多高墙环绕的城市区域构成。每个所谓的"堡垒"都构成一个自治区域，拥有自己的神庙、住宅、公园和墓地。奇穆的艺术水平不仅体现在土坯墙的装饰上，还表现在陶瓷以及金银饰品上。然而大部分的死亡面具和其他珍品都落入征服者的手中，因此如今城中能给人留下较深印象的文物屈指可数。

▲ 昌昌城遗址典型的土坯墙上装饰有动物形状和几何形状的图案。

里奥阿比塞奥国家公园

除了荒野草原，里奥阿比塞奥国家公园还包括一个原始雾林，它在上个冰河时代曾是许多植物的庇护所。

　　里奥阿比塞奥国家公园建于1983年，位于秘鲁北部，面积约为2700平方千米，其重要的保护对象是该地区的典型植被——雾林中的动植物。这里生活的许多动植物都是当地特有的，其中就有15种无尾目动物。人们几年前在这里发现了此前认为已经灭绝的黄尾毛猴，这在科学界引起了一次小轰动。国家公园还为濒临灭绝的秘鲁马驼鹿和红吼猴提供了安全的生存空间。此外，这里还发现了许多前哥伦布时代的遗址：自1985年以来，考古学家在海拔2500—4000米的茂盛丛林中发掘出共计36处印加帝国统治时期的建筑群。这些考古遗址记录了秘鲁约8000年的史前历史和古代历史，具有极高的价值。

▲▼ 国家公园是许多濒危动物的庇护地，包括红吼猴（上图）和国王秃鹫（下图）。

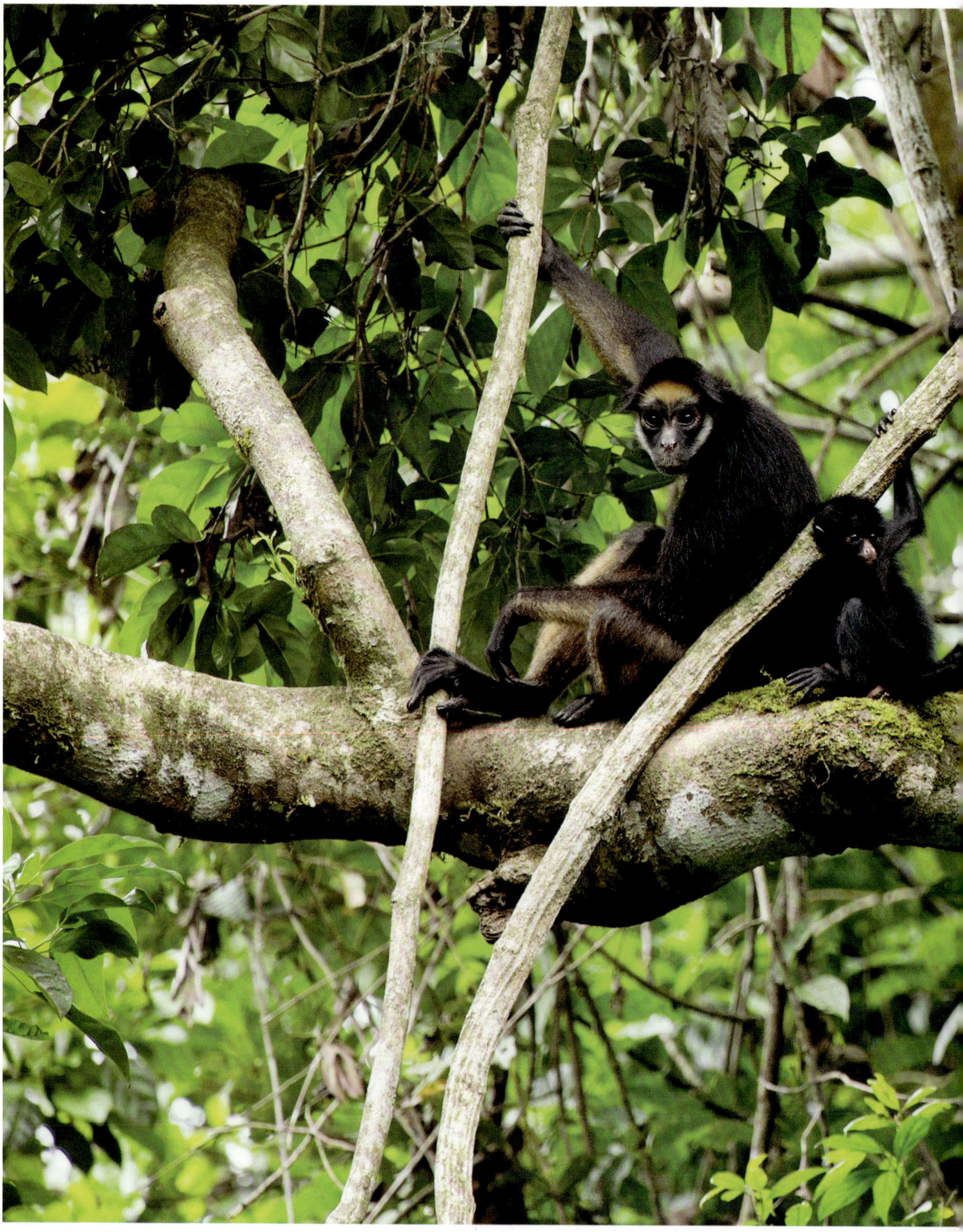

一只白腹蜘蛛猴母亲怀抱幼崽，坐在树梢。这种猿猴是灵巧的攀缘者，它们与濒临灭绝的红吼猴在里奥阿比塞奥国家公园中共同分享栖息地。

夏文考古遗址

夏文德万塔尔位于秘鲁北部高地,是前哥伦布时期最具影响力的文化——夏文文化的考古地点和命名来源。夏文文化因其建筑和石刻而闻名。

夏文文化在公元前 1000 年至公元前 300 年间经历了鼎盛时期,其中心位于布兰卡山脉中海拔 3200 米处的夏文德万塔尔附近。考古遗址的中心为"老庙",它是一座方形金字塔状建筑,带有凹入的圆形祭祀平台。此处至少经历了两次扩建。从"新庙"出发,穿过侧面立有两根圆柱的入口大门,便可以到达主神庙。神庙外墙由雕琢精细的火山石块建成,上面装饰着猛禽和鸟类的图案。楼梯通往地下通道系统。那里放置有"兰松"立像,即 4.5 米高的半人半兽状花岗岩石柱。其他重要文物,如特略方尖碑和莱蒙蒂石柱,如今都存放于利马的考古博物馆。出土的纺织品残片和陶器等文物是当时手工业高度发展的证明。

▲ 夏文文化的地下通道深刻地影响了南美洲后来的文化。

卡罗尔—苏沛圣城

在利马北部 182 千米处的苏沛河谷进行的考古发掘证明:当埃及建立起第一批金字塔时,拉丁美洲已经有了高度繁荣的文化。

卡罗尔是美洲大陆最古老的城市之一。直到 1994 年被人发现前,它都一直被掩埋在鹅卵石之下。如今人们知道,早在公元前 3000 年就已经有大约 3000 人定居在位于富饶的苏沛河谷上方 25 米处的城市卡罗尔。6 座依照视轴排列建造的金字塔在壮观的城市景象中显得十分突出。上城主要是豪华的房屋,下城则是作坊、贸易广场和狭窄的住房。在卡罗尔发现的绳结证明,世界上最古老的结绳记事体系之一"奇普"并不是——像人们此前认为的那样——由印加人发明的,其历史可以追溯到更为古老的时代。卡罗尔的发现证明了拉丁美洲与美索不达米亚、印度和埃及在当时同时发展出了高度的文明。只不过当其他文明互相交流时,卡罗尔在一隅自主发展。

▲ 考古遗址展现了带有金字塔、神庙、住宅和坟丘的复杂城市结构。

瓦斯卡兰国家公园

瓦斯卡兰国家公园包括布兰卡山脉中瓦斯卡兰山的周边山区。公园中的深谷和冰湖造就了独一无二的自然奇迹。

秘鲁最高峰瓦斯卡兰峰高达6768米，其被积雪覆盖的山峰宏伟地耸立在以其命名的国家公园内。布兰卡山脉的景观因其巨大的冰川、平静的高山湖泊、深深的峡谷和湍急的山涧而格外吸引人。除却瓦斯卡兰峰，这里还有另外26个海拔超过6000米的山峰。它们的两侧有大约30个冰川和120个冰湖。这里的年平均温度达到3℃，冬天的温度低至-30℃。尽管如此，这里直到海拔大约4000米处仍有植被分布。这里的植被除了稀少的仙人掌种类，还包括世界上最大的莴氏普亚凤梨。这里也是稀有动植物的家园。国家公园中的哺乳动物主要是吼猴、美洲狮、小羊驼、白尾鹿和秘鲁马驼鹿，它们都极佳地适应了贫瘠山区的条件。在100多种鸟类中，变色鹭、安第斯神鹫和世界上最大的蜂鸟"巨蜂鸟"都十分壮观。

▲ 被誉为"安第斯山脉之女王"的罕见的巨型凤梨莴氏普亚最高可达10米。

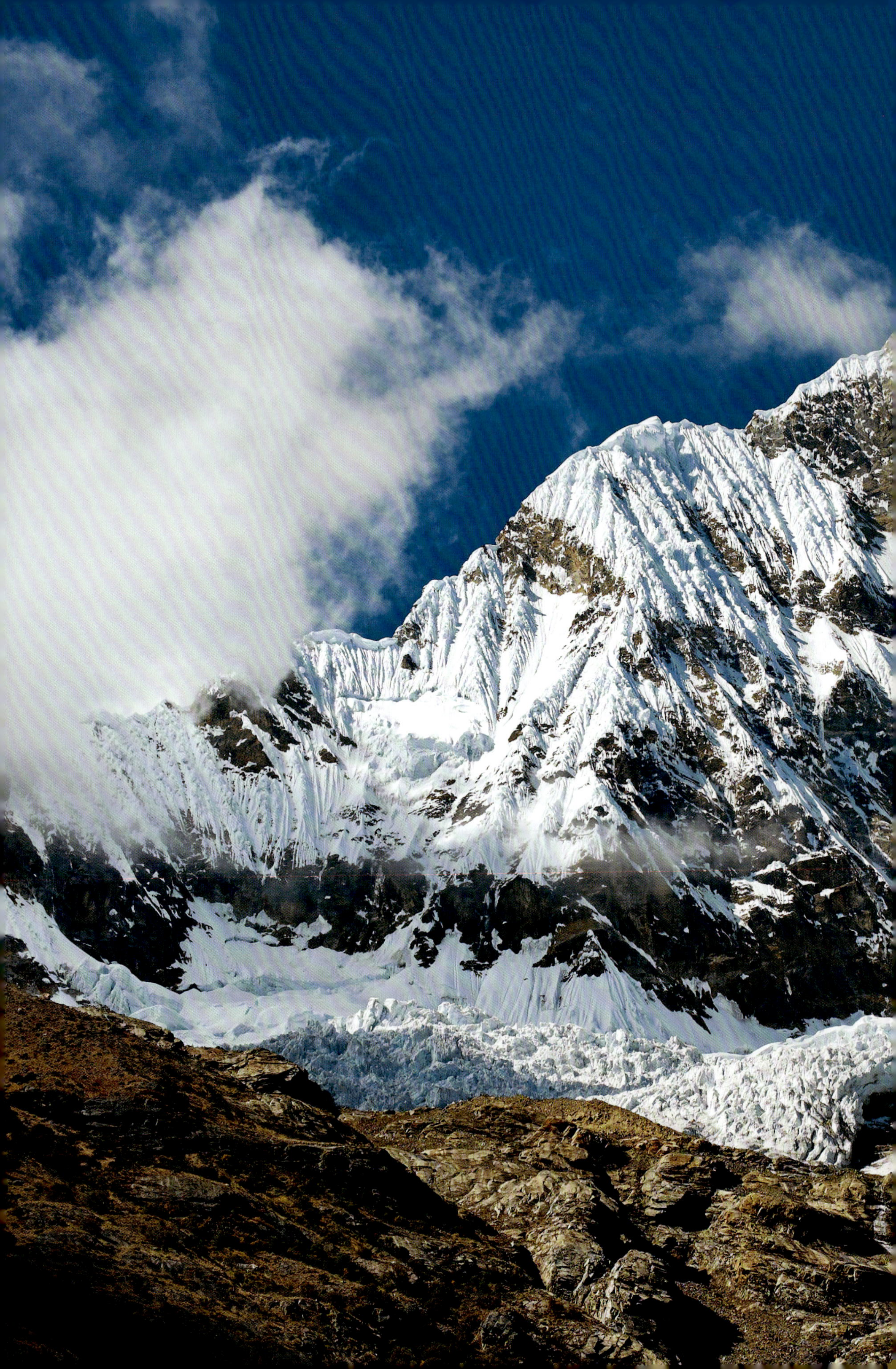

瓦斯卡兰峰是秘鲁境内最高峰。1908年，美国人安妮·史密斯·佩克成为登上这座山峰的第一人。为纪念她，这座山的北峰至今还被称为"安妮·佩克峰"。

弗朗西斯科·皮萨罗

1478年左右，弗朗西斯科·皮萨罗出生于卡斯蒂利亚王国（后与其他部分合并成为西班牙）的特鲁希略，是一位西班牙统帅的私生子。这位后来的侵略者、掠夺者和殖民者自1510年起开始参加中美洲的探险活动，并于1519年定居巴拿马。因受到有关印加人和黄金国传闻的刺激，他多次从巴拿马出发，试图抵达秘鲁，直到1527年第3次尝试时才幸运地带着丰富的战利品回到西班牙。后来，他被西班牙国王查理五世授权为西班牙侵略秘鲁，并于1531年再次出发。在亲信的陪同下，他一直挺进到印加帝国的古城卡哈马卡，对印加统治者阿塔瓦尔帕的随从展开了屠杀。阿塔瓦尔帕自己也被俘虏，尽管交纳了巨额赎金，却仍被扼死。

在迭戈·德阿尔马格罗率领的稍后抵达的西班牙军队的帮助之下，皮萨罗成功镇压了印加人的起义。1533年11月5日，皮萨罗移居印加首都

利马的历史中心

在西班牙殖民时期，利马是拉丁美洲最大，同时也是最重要的城市。尽管不断遭遇地震，许多源自殖民时期的建筑仍得以保存至今。

　　1535年，秘鲁的征服者弗朗西斯科·皮萨罗在里马克河肥沃的山谷中建立了利马城。得益于其沿海的地理位置以及从印加人那里掠夺来的金银矿藏，这座城市迅速发展成为"新卡斯蒂利亚行省"最繁盛的大都市，该行省于1542年成为秘鲁总督区的一部分。1570—1820年，设在这座"国王之城"的宗教法庭，成为压迫当地民众的有力工具。在这一时期还形成了许多虽十分华丽，但主要由奴隶建成的王宫、修道院和教堂，利马因此被誉为"太平洋的明珠"。然而，1687年和1746年的地震以及19世纪末的"硝石战争"对城市建筑造成了严重损害。

　　早在1672年，圣弗朗西斯科教堂及其方济各会修道院已经完工。这些建筑构成了南美洲最大的殖民时代宗教建筑群。18世纪初，巴洛克风格盛行。源于这个时期的有名的巴洛克风格建筑包括安葬皮萨罗的大教堂以及托雷塔格莱宫。托雷塔格莱宫装饰有利马最美丽的木制雕花阳台，这些阳台生动地体现了摩尔艺术对安达卢西亚巴洛克建筑的影响。20世纪的大主教宫和政府宫都沿用了殖民时期的建筑风格。1988年，圣弗朗西斯科修道院被列为世界文化遗产；3年后，整个旧城被列为世界遗产。

▶ 在修复后的利马天主教堂中有一具玻璃棺材，据说是城市创立者的安息之处。

库斯科，并于两年后建立了"国王之城"，也就是如今的利马。皮萨罗和德阿尔马格罗之间的纠纷以1538年德阿尔马格罗被抓捕及处决告一段落。而无情的征服者皮萨罗最终在1541年被迭戈·德阿尔马格罗的追随者杀害。

◀ 印加帝国的征服者弗朗西斯科·皮萨罗。

▶ 皮萨罗的墓穴。他率领的西班牙人对印加人进行的大屠杀，史称"卡哈马卡战役"，这次屠杀拉开了征服印加帝国的序幕。

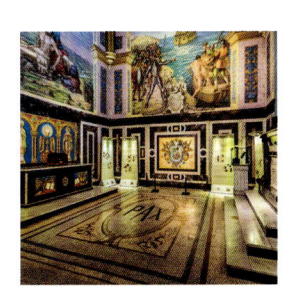

▲ 在圣弗朗西斯科修道院教堂的内部，游客可以欣赏到几何图案绘画装饰的天花板拱顶，以及与穆德哈尔风格颇为相似的塞维利亚风格的阿兹勒赫瓷砖画及穹顶。

▲ 利马天主教堂的内部与其外部同样值得品鉴。

▲ 圣弗朗西斯科修道院有一间源自17世纪的图书馆。图书馆中的藏书超过2万册。

▲ 圣多明各教堂是利马最重要的宗教建筑之一。

一生必去的世界遗产：走进美洲

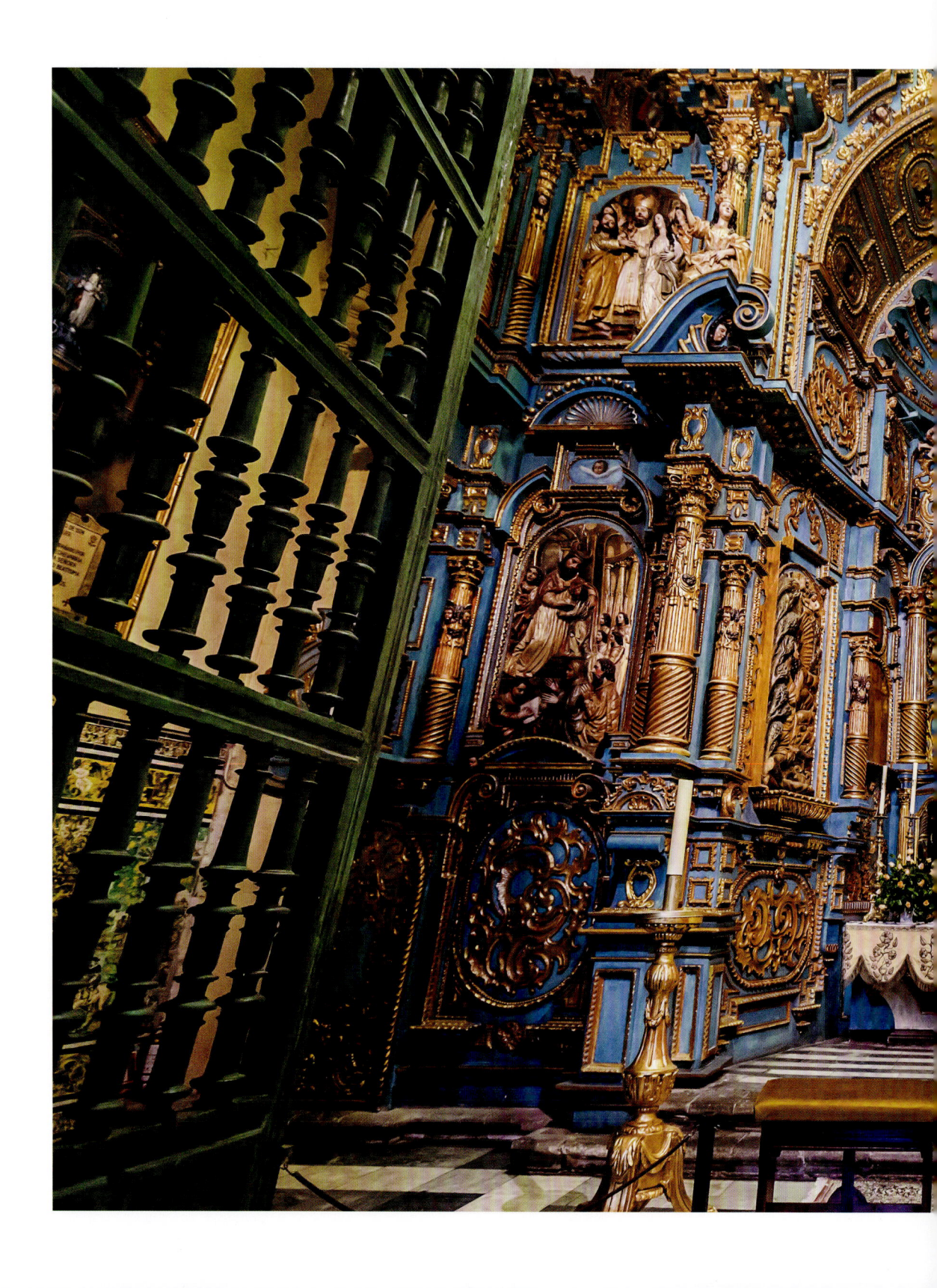

兵器广场是利马的城市中心，代表3种政治权力的建筑矗立在广场周围：政府宫、市政厅和天主教堂。这座动工于1543年的教堂修建了很久，频繁的地震使人不得不对其进行改建，1687年和1746年的两次地震更是几乎将教堂摧毁。

马丘比丘

20世纪初重新被发现的马丘比丘位于一片高山景观之中，是最壮观、保存最完好的印加城市遗址，也是拉丁美洲最重要的考古遗址之一。

1911年，美国人海勒姆·宾厄姆重新发现了坐落于乌鲁班巴河谷上方的定居点马丘比丘。鉴于其位于华纳比丘（"年轻的山"）山脚下，宾厄姆将这处定居点命名为马丘比丘，即"古老的山"。这座印加城市隐匿于安第斯山脉东坡的热带山林之中，宛如鹰巢端坐在2430米高的平坦山顶上，一切都充满神秘色彩。马丘比丘的魅力不仅源于城中保存完好的建筑，建筑与自然的独特互动更使其光芒四射：建筑完美地适应了不平整的地形。这座城市从未被西班牙征服者发现或了解，直至今日人们仍在探究它的重要性。也许这座城市是印加人对安第斯山脉东坡进行开垦的尝试。唯一可以确定的是，这座城市建于1450年左右，一个世纪后就遭到废弃。建筑群分为两个部分：一部分是带有山坡梯田、配备有设计精巧的灌溉系统的农业区；另外一部分是未设防的城市区域，建有宫殿、神庙和住宅。最重要的建筑遗迹有圆塔、太阳神庙和"三窗庙"。

▲ 马丘比丘位于华纳比丘与华丘比丘两座山之间。

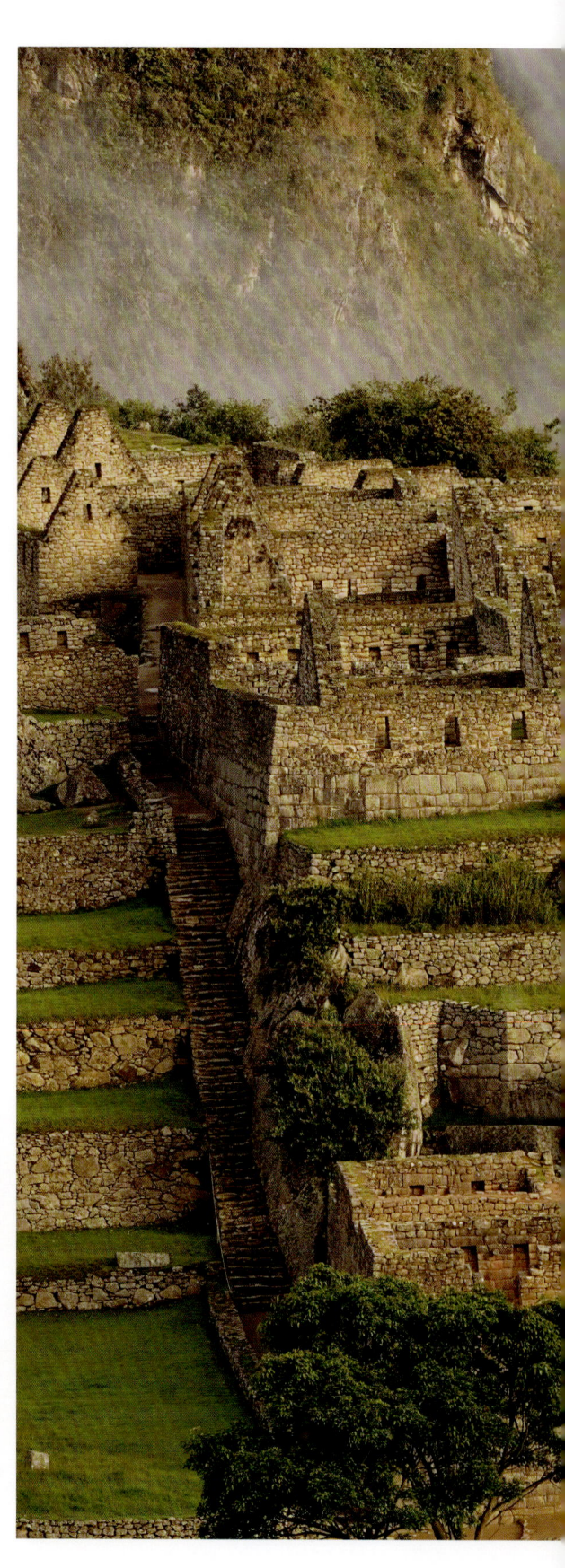

▲ 马丘比丘是建筑与自然相融合的最惊艳的范例之一。

马努国家公园

▲ 河流蜿蜒穿过雨林。

▲ 南美鳄蜥就生活在这里。

马努国家公园位于秘鲁安第斯山脉东坡与亚马孙低地之间的过渡地带，地处偏僻，公园中的动植物种类众多，数量为世界之最，其中一部分是当地特有种类。在公园里生活着印第安族群，他们仍然用传统的方式进行狩猎和耕作。

马努国家公园建于1973年，占地约150万公顷，是秘鲁第二大国家公园，海拔150米到4200米之间。公园包括亚马孙支流马努河的全部流域以及马德雷德迪奥斯河流盆地的一部分。保护区由冲积平原、丘陵和山峰组成，保护区内植被按照海拔从低到高分别为热带雨林、热带山林和高地草原。国家公园中至今未有人踏足的区域是真正的动物天堂，其间大约生活着1000种鸟类和200种哺乳动物。除了众多的鹦鹉种类，这里还生活着濒临灭绝的巨型水獭。在其他地方早已灭绝的河龟也在这里安家。树上有倒悬着的正在打盹的三趾树懒。在此处，还能遇到一些在拉丁美洲较为常见的动物，如美洲豹、巨型犰狳和浣熊等。生活在这里的印第安人过着原始生活，不受现代文明的侵扰。

库斯科古城

库斯科是秘鲁高原中央历史最为悠久的城市。当时的印加人将城市扩建成为集宗教和行政功能于一身的建筑群。

库斯科是新世界得以保存的最古老的城市之一。这座海拔 3400 米的城市据说是由曼科·卡帕克在 1200 年左右与其妹妹一起建造的，他是传说中第一位印加统治者，但没有历史记载佐证。第 9 位印加统治者帕查库蒂·尤潘基对印加帝国的版图进行了扩张，并为其精心设计了基础设施。在他的统治下，库斯科发展成为帝国装备精良的政治、宗教和文化中心。据说，许多建筑都覆盖了金板和铜板。1533 年，征服者弗朗西斯科·皮萨罗征服了这座城市，库斯科被摧毁。为了将人们脑海中对当地传统的记忆彻底抹去，传教士在印加建筑的废墟之上建造了自己的教堂和修道院。圣多明各修道院就建立在旧神庙区的中央圣迹——太阳神庙的遗址之上。

◀ 武器广场。

◀ 殖民时期的许多建筑都建于印加圣迹的城墙上，如库斯科大教堂。

纳斯卡和朱马纳草原的线条图

这些在约 450 平方千米区域的地面上延伸的线条图案位于纳斯卡附近以及秘鲁南部干燥沿海地区的朱马纳草原上，是南美洲最神秘的现象之一。

人们在位于如今利马南部约 400 千米处的格兰德河谷中发现了南美洲最大的考古谜题之一：长达 2000 米的线条状地面图案。最早一批线条可能形成于帕拉卡斯文化时期，直接由石头堆积而成；大部分的图案则出自纳斯卡时期。纳斯卡人刮掉了较高层岩石的深色砾石外壳，使其在同较低层岩石的对比中露出黄白色沙土形成的沟槽，图案的轮廓由此得以显现。由于这些图案的规模较大，人们只能从飞机上辨认出其中一部分。已经辨认出的图形大约有 70 种，其中既有鸟类或昆虫等生物，又有一些植物和人类图像，还有一些线条图则由直线和几何图案构成。关于这些图形的意义，至今也没有明确的解释。

▲ 纳斯卡线条十分多样，有蜂鸟、鲸鱼、蜘蛛和几何图案等。

阿雷基帕城历史中心

阿雷基帕地处秘鲁最南部。老城的教堂和宫殿中的拱门、穹顶、内部庭院与公共空间无一不淋漓尽致地展现了拉丁美洲巴洛克风格丰富的想象力。

    阿雷基帕海拔2360米，由西班牙征服者在1540年建成，如今这里每年都会隆重地庆祝建城的日子。这一居住点很快发展成为南美洲新兴的西班牙殖民帝国的重要中心。阿雷基帕的中心是由拱廊环绕的武器广场，广场北面是大教堂。同阿雷基帕的其他建筑一样，大教堂也在地震中严重受损。斜对面的孔帕尼亚耶稣教堂及其装饰华丽的立面是18世纪末"混合巴洛克"风格的重要作品之一，教堂内部也布置得十分精美。源自16—18世纪的其他宗教建筑还包括圣弗朗西斯科、圣卡塔利娜、圣多明各、圣奥古斯丁和拉梅塞德等修道院和教堂。19世纪，统治者在一些前人的建筑之上建造了近500座住宅，这些住宅的入口处也被装饰得异常富丽堂皇。

◀ 圣弗朗西斯科教堂中典型的巴洛克风格的黄金装饰。

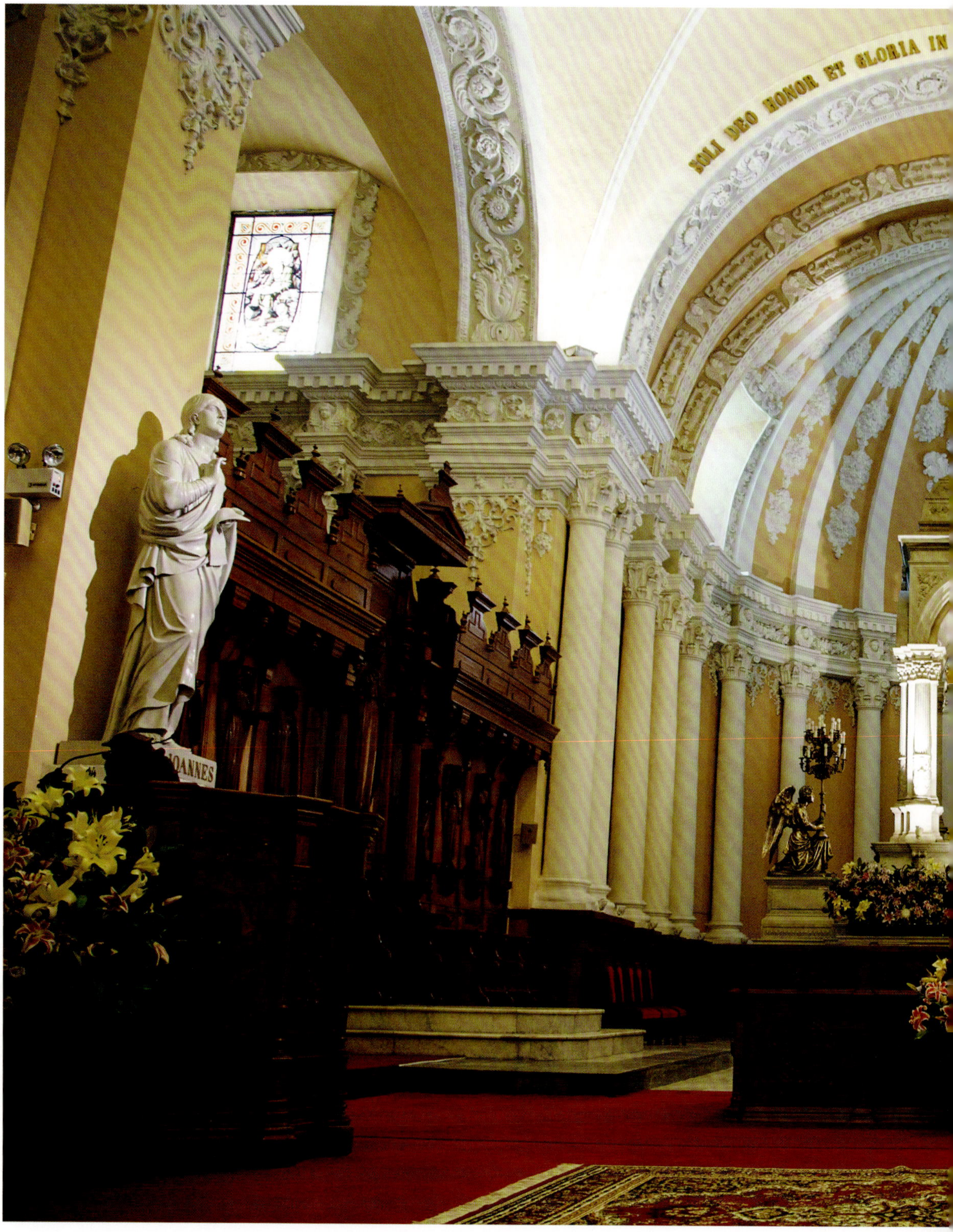
SOLI DEO HONOR ET GLORIA IN
IOANNES

"洁白之城"是阿雷基帕的别名。当你来到中央兵器广场时，你就知道这是为什么了：广场北面被建于19世纪的大教堂占据，大教堂闪耀着白色的光芒；其他源于殖民时期的房屋建有两层回廊，散发着白光。

玻利维亚

诺埃尔·肯普夫·梅尔卡多国家公园

诺埃尔·肯普夫·梅尔卡多国家公园位于亚马孙西部地区与巴西接壤的边界上，拥有众多动植物种类，是玻利维亚最大、人类痕迹最少的公园之一。

▲ 万查卡高原上的砂岩和石英岩被雨林覆盖，它们的历史已经超过 10 亿年。

这座占地超过 150 万公顷的国家公园分布于海拔 200—1000 米的万查卡高原地带及其周围低地地区，包括 5 个不同的生态系统：亚马孙盆地的热带雨林、季节性被淹没的热带稀树草原、干燥常绿的干燥林和山区森林、有刺的灌木丛地区以及广泛的沼泽和洪水地区。国家公园中的生物物种极为丰富多样，植被种类的丰富程度也可与其相媲美。公园中有大约 4000 种植物。玻利维亚的博物学家诺埃尔·肯普夫·梅尔卡多曾对巨大的生物系统进行分类——公园正因他而得名。不幸的是，1986 年他在园中惨遭毒贩杀害。人们在公园中已经辨认出 600 多种鸟类以及近 150 种哺乳动物和爬行动物，其中包括高氏小巨嘴鸟、紫蓝金刚鹦鹉、亚马孙河豚和美洲豹等。

蒂亚瓦纳科文化的精神和政治中心

蒂亚瓦纳科，在当地艾马拉印第安人的语言中也称作蒂瓦纳库，是前印加文化的中心。蒂亚瓦纳科是古拉丁美洲印第安王国的首都，这一强大的帝国在鼎盛时期曾征服了南安第斯山脉及其之外的广阔地区。

▲ 迄今为止，这座老城只有大约 1% 的面积得以发掘。

蒂亚瓦纳科遗址位于的的喀喀湖以南约 15 千米处，在 8 世纪达到鼎盛，当时占地 6 平方千米，拥有 10 万居民。遗址区域主要是两座巨型金字塔——阿卡帕纳金字塔和普马蓬库金字塔的塔身残留，还有一座半地下的神庙以及卡拉萨萨亚神庙建筑群，该建筑群宽约 130 米，长为 200 米，当时可能作为天文台使用。建筑群的西北角矗立着一座从石头中雕刻而成的太阳门，门高 3 米，宽 3.75 米。出人意料的是，横梁上人形浮雕的脸上居然出现了美洲狮嘴的形状。先进的灌溉系统和人工梯田为蒂亚瓦纳科文化的经济繁荣提供了保障，城市广阔的贸易网络便是对此的有力证明。据推测，这里很可能曾经历过一段干旱时期，这也促使蒂亚瓦纳科居民在 12 世纪上半叶永远地离开了这座他们曾经引以为豪的城市。

奇基托斯耶稣会传教区

18 世纪，耶稣会士在玻利维亚的奇基托印第安人地区建立了传教村庄，村中的几座教堂留存至今，它们是欧洲宗教建筑与当地传统建筑元素融合的典范。

1696—1760 年，耶稣会士在玻利维亚东部广阔的冲积平原上建立了 10 个所谓的"改宗—聚居点"，同巴拉圭、巴西和阿根廷情况类似，他们在这里为印第安人提供了住所，并让他们改信基督教。在共同的日常生活中，耶稣会士看到了传教的基础。在传教村庄中，主要使用的语言为印第安语言"奇基托"；印第安人在村中可以得到保护，免受奴隶猎人的威胁；村庄中的生活有着严格的劳动分工：受到家长式管理的"奇基托人"进行耕种，耶稣会神父则负责行政管理工作。这些聚落在经济上大获成功。保存最完好的几处遗址是圣弗朗西斯科哈维尔、康塞普西翁、圣安娜、圣米格尔、圣拉斐尔和圣何塞。

▲ 耶稣会传教区的中心往往是一座木制教堂，混合巴洛克风格是这类教堂的典型建筑风格（两张图片皆是）。

苏克雷古城

玻利维亚宪法首都苏克雷古城中的建筑是当地建筑艺术与欧洲建筑风格完美融合的范例。

为了保障殖民地的食物供给，西班牙人在征服库斯科之后，于1538年在中科迪勒拉山脉建立了新托莱多·德普拉塔，即现在的苏克雷。得益于肥沃的土壤、温和的气候和周边丰富的银矿矿藏，该地区迅速发展成为玻利维亚的精神中心。1624年，人们在一座耶稣会修道院中成立了美洲最古老的大学之一——圣弗朗西斯科·哈比埃尔大学。这所大学后来发展成为玻利维亚独立运动的中心，19世纪初南美洲反抗西班牙殖民者的起义就是在这里爆发的。为了纪念后来成为玻利维亚首任总统的起义领导者安东尼奥·何塞·德·苏克雷，城市更名为苏克雷。苏克雷古城是南美洲保存最完好的古城之一，城中保存有建于16—18世纪的白色建筑。自由之家、拉格罗里埃塔城堡、前方济各会修道院（现为拉莱可莱塔博物馆）、圣费利佩内里修道院、大教堂等都是各时代建筑界的杰出作品。

▲ 国家宫。

▲ 宏伟的圣费利佩内里修道院建于17世纪。

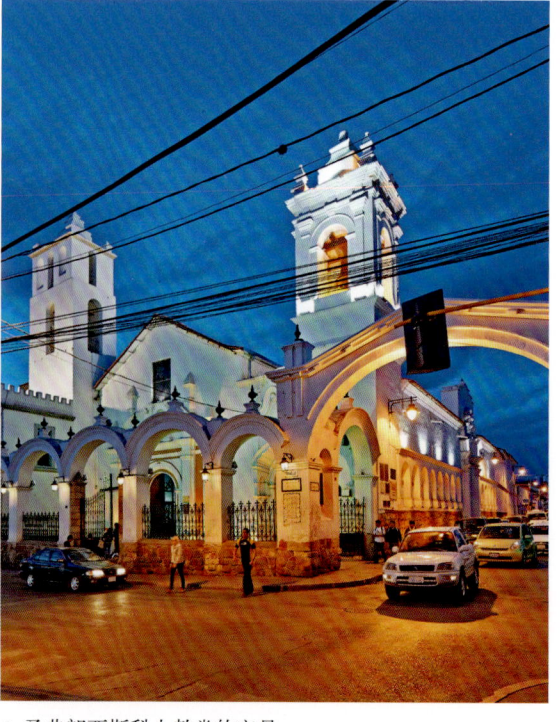

▲ 圣弗朗西斯科大教堂的夜景。

萨迈帕塔堡

一座带有众多凹痕的巨大岩石山丘以及一处定居点遗址，共同证明了安第斯山脉东部一度存在一种高度发达的前哥伦布时期文化。

萨迈帕塔堡遗址位于东科迪勒拉山脉的东部山麓，海拔 2000 米，曾是重要的宗教中心。据推测，该中心最早可能是查内人（一支前印加族群）建立的。14 世纪，印加人占领该建筑群，将其扩建成为自己的祭祀地点，并增建防御设施。西班牙人在占领此地后同样对其防御工事进行了扩建。

占地大约 40 公顷的遗址区域由两个主要部分构成，一部分是一座砂岩岩石形成的小山丘，另一部分是小山丘南部的行政和住宅区。这部分的主体是一块红色的巨型砂岩雕刻石块，它由上下两部分组成：上半部分被称为"埃尔米拉多"；下半部分长约 220 米，宽约 50 米，上面刻有许多水沟、台阶和盆地以及几何图案，蛇和猫科动物的图案亦清晰可辨。

▲ 砂岩岩石脚下的区域是祭祀中心、居住区和农业区。

波托西城

这座玻利维亚曾经最大最富有的城市位于该国南部，其财富要归功于 4829 米高的赛罗里科山的银矿。17 世纪开采出的银矿中有 2/3 来自此地。

在南美洲，几乎没有另外一座城市可以像海拔 4000 米处的波托西城一样如此令人回忆起征服者的时代。当人们在塞罗里科山中发现银矿矿脉后，便于 1545 年在其山脚下建立了这座城市。在西班牙人的统治枷锁下，数千名印第安人被迫在非人的条件下进行贵金属开采作业。之后，银矿被人们用骆驼或者骡子运往利马，接下来再转运到西班牙。当 18 世纪中叶银矿储量渐趋枯竭时，这座城市也逐渐失去了昔日的地位。如今，人们在这里开采锡矿和锌矿。仿佛只有小巷中用徽章装饰的豪宅，和诸如大教堂、拉孔帕尼亚、圣弗朗西斯科或圣洛伦佐等殖民时期教堂以及皇家铸币厂等建筑能令人们回忆起城市富裕的往昔。除老城外，这项世界遗产还包括"苦力区"——被暴力招募的印第安矿工居住的贫民区以及复杂的水利装置。

▲ 源于殖民时代的建筑是这座城市伟大历史的象征。

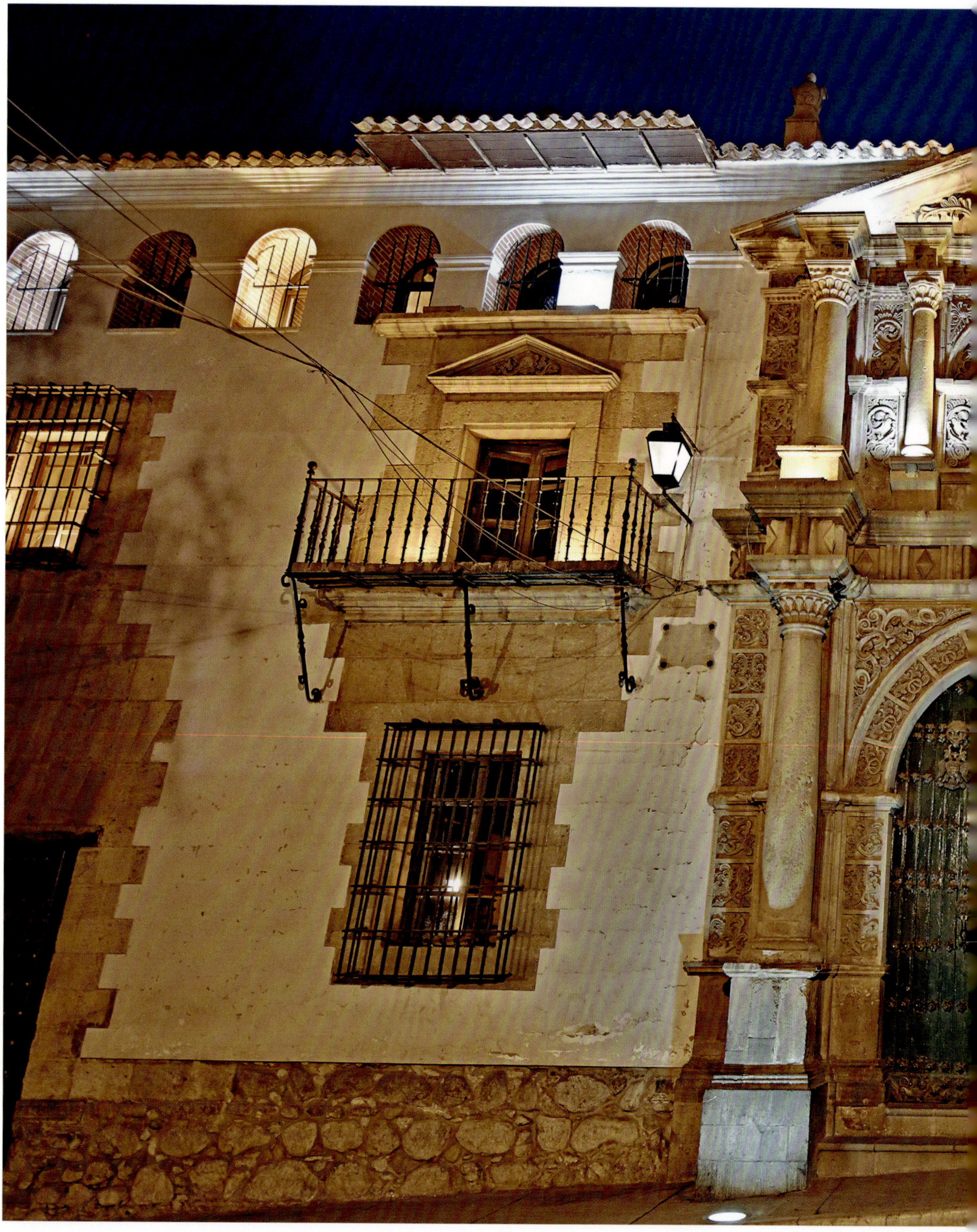

1545年，人们在里科山发现了一座银矿。此后，波托西城逐渐成为世界上最大的都市之一。曾经的造币厂见证了波托西城往日的富庶。随着1800年前后银矿逐渐枯竭，这座城市也走向衰落。

智利

亨伯斯通和圣劳拉硝石采石场

这一智利北部阿塔卡马沙漠中废弃的采矿点无声地见证了一段长达60多年的硝石开采的工业历史。

这座世界上最大的硝石场地处智利北部，位于海岸和西安第斯山脉之间的山谷中。人们在此开采的所谓"智利硝石"，其绝大部分出口到国外，用于生产火药、炸药和化肥。硝石工业在1880—1940年蓬勃发展，硝酸盐人工技术的日益成熟敲响了硝石产业的丧钟。采石场由200多家采石点组成，工厂中的工人来自玻利维亚、智利和秘鲁。他们生活在工厂自有住房非人的环境中，在恶劣的条件下工作，因此发展出了独特的硝石矿区文化（"潘帕斯文化"），将来自不同国家的工人联结在一起。由于气候原因以及抢劫的盛行，这些废弃地点逐渐衰败，如今已变为"鬼城"。亨伯斯通的住宅以及圣劳拉的工厂设施得以保存。

▲ 圣劳拉硝石工厂的废弃厂房建筑见证了智利工业的兴衰。

瓦尔帕莱索港口城市历史区

19 世纪时来到瓦尔帕莱索的欧洲人在这座港口城市留下了自己的印记。

瓦尔帕莱索意为"天堂之谷"。瓦尔帕莱索是智利第二大城市，位于圣地亚哥以西约 120 千米的海湾处，风景如画。数百座彩色房屋坐落在港口上方的山丘上。在狭长的沿海地带身后，瓦尔帕莱索的地形仿佛一个圆形阶梯式剧场，城市建筑星罗棋布于高度逐渐上升的四大阶地和众多山丘之中。1544 年，瓦尔帕莱索建城。自 19 世纪以来，欧洲与智利的贸易往来愈发频繁，智利将小麦、铜和硝石等出口至欧洲市场，绕行至美洲南端，合恩角的航船会在瓦尔帕莱索停泊。在这一时期，许多欧洲人来到此处定居，船长等家庭较为殷实的人一般会选择在陡峭山丘的斜坡上定居，想要到达这些定居点需要迈过不计其数的台阶。巴勃罗·聂鲁达写道："如果一个人走过瓦尔帕莱索的每一级台阶，可以说他已经环游了世界。"幸运的是，地面缆车的启用大大降低了攀爬台阶的难度。

▲▼ 陡峭山坡上的彩色住房（上图）以及历史悠久的"起卸机"（下图）为天开图画的瓦尔帕莱索平添了几分独特的气息。

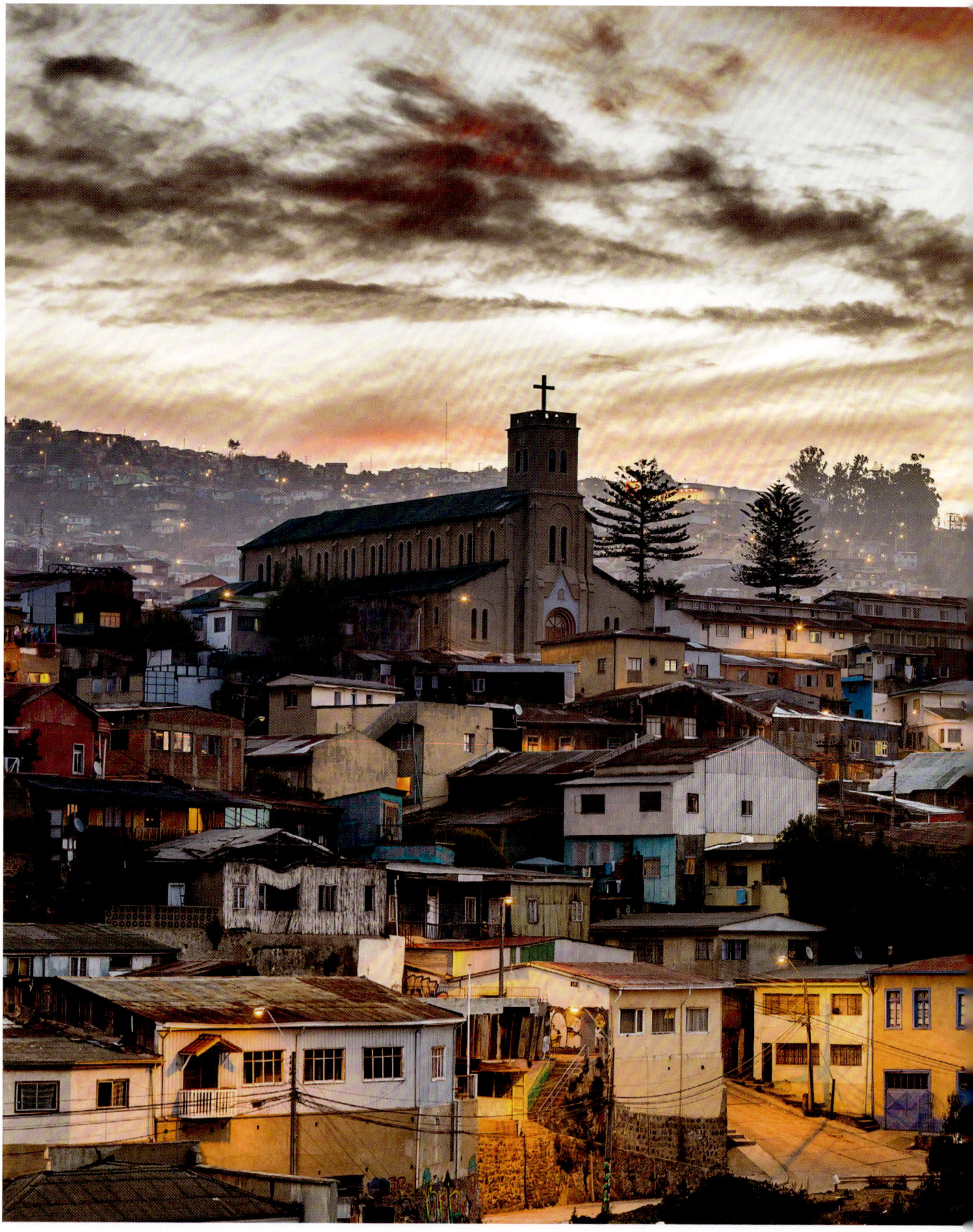

从上方俯瞰，港口城市瓦尔帕莱索就像一片由房屋构成的海洋，零星的教堂塔楼仿佛航船上的桅杆，高高耸立。永援教区修道院教堂坐落在城市北面科迪勒拉山脉的高地上，这座教堂于1912年落成，其前身是一座古老的修道院。

苏埃尔铜矿城

1905年，人们在安第斯山脉中间为世界上最大的地下铜矿矿井——埃尔特尼恩特矿井的工人们建造了一座城市。

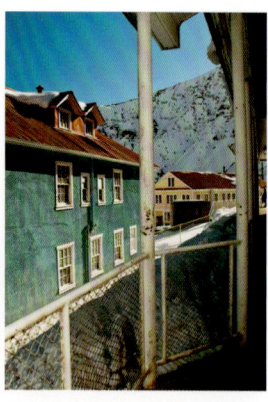

▲ 人们只有通过台阶才能到达原木搭建的工人住宅。这些住宅通常被粉刷成红色、黄色、蓝色和绿色，是按照美国的设计理念建造的。

苏埃尔见证了美国资本与智利当地劳动力相结合，开采和冶炼高价值自然资源的过程——智利最大的铜矿就位于圣地亚哥东南100千米处的苏埃尔附近，如今仍在运转的埃尔特尼恩特矿井深入安第斯山脉14层之深。20世纪初，矿山运营商——美国的布瑞登铜业公司在海拔2000米的地方为铜矿工人建造了自己的城市，并用公司总裁巴顿·苏埃尔的名字命名。塞罗内格罗山上的工人定居点是一座"台阶之城"，因其太过陡峭，车辆无法通行。中央楼梯从火车站通往城市，从此处开始，道路分岔通向各个侧楼梯。这座城市在鼎盛时期有1.5万名居民，他们有的生活在6人间，有的住在家庭公寓里。这座城市于20世纪70年代被逐步荒弃。这项世界遗产包括住宅、医院、天主教教堂以及电影院、剧院和学校。

奇洛埃木制教堂

在蒙特港南部的奇洛埃岛上有着150多座木教堂，它们用独一无二的方式将欧洲建筑风格与当地风格元素融为一体。

▲ 在基督化过程中，奇洛埃岛上逐渐建起150多座教堂，其中14座是世界文化遗产。

这些被收录进《世界遗产名录》的木教堂建于17、18世纪。当奇洛埃岛于1567年沦为西班牙殖民地后，耶稣会布道团开始在当地开展传教活动。1767年耶稣会士遭到驱逐后，方济各会修士继续传教活动。教堂主要分布于沿海区域，以柏木为建筑材料，在建筑方式上大多遵循统一的范式。教堂主体为立方体，在其之上搭设双坡屋顶。老式木教堂的标志是塔楼一侧装饰立面的门廊。外墙上极具艺术性地覆盖着嵌套的彩色木瓦，上面装饰有当地艺术家的雕刻作品。木瓦由智利柏制成，这是一种在奇洛埃岛上生长的智利柏。木教堂内部的结构遵循欧洲教堂的范式：较大的教堂有3个中殿，墙壁和天花板都装饰着壮观的绘画。阿乔教堂的色彩尤其多样。

复活节岛（拉帕努伊国家公园）

智利的复活节岛是太平洋中间一座面积仅有164平方千米的小岛，岛上部分高达数米的凝灰岩人物石像是已经消亡的波利尼西亚文明留给后世的礼物。

复活节岛是世界上距离陆地最远的地方之一，它距南美大陆约3700千米，距波利尼西亚塔希提岛约4200千米。岛上首次出现人类定居的踪迹可以追溯到400年左右。第二次定居很可能发生在14世纪，据说当时传说中的大酋长霍托·马图阿带领波利尼西亚的家人一起来到此处。波利尼西亚人称这座岛屿为"拉帕努伊"，意为"大岛"。他们灿烂的文化可以从数百座"摩艾石像"上寻得踪影。一些石像高度可达10米，矗立在被称为"阿胡"的大平台上。此外，人们还在这里挖掘出带有一种象形文字——"朗格朗格"文字的石板。摩艾石像的意义至今不明。因为岛上生存空间有限，所以部落之间的斗争常常导致祭祀场所遭到破坏。

▲▼ 复活节岛上矗立着上百座摩艾石像，它们的作用仍为未解之谜。

委内瑞拉

科罗及其港口

这座加勒比海沿岸的城市是现存的西班牙殖民建筑风格与荷兰巴洛克风格的元素相互融合的唯一例证。

▲ 从圣克莱门特广场背后可以看见方济各会教堂的立面和方济各会修道院。

科罗城由胡安·德安皮埃斯在1527年建立。两年后,安布罗修斯·达芬格受韦尔泽家族委托在这里登陆。奥格斯伯格的城市贵族从查理五世那里获得了对委内瑞拉行省的管理权,使科罗成为奴隶、黄金和贵重木材的转运点。1546年,奥格斯伯格人的管理权被撤销。随着1578年行省管理地点迁移到加拉加斯,科罗的地位日落西山,直到18世纪与荷属安的列斯的贸易才为其带来了新的经济繁荣。老城的建筑和教堂是当地黏土建筑方式与西班牙穆德哈尔式建筑以及荷兰风格元素相互融合的体现。方济各会修道院和皇家医院的小教堂令人过目难忘。圣克莱门特广场是最美丽的广场之一,上面竖立着圣克莱门特的十字架。加勒比海岸前坐落着科罗沙丘国家公园,这座公园也是世界遗产的一部分。

加拉加斯大学城

这座于1940—1960年建成的大学城是现代城市规划与建筑的杰作。

▲ 现代建筑的杰作:加拉加斯大学校园及其图书馆。

在这里,人们将20世纪早期的理想建筑付诸实践。两个主导原则为大学城的规划奠定了基调:一方面是要创造高生活品质的氛围,另一方面则追求建筑、绘画和雕塑的和谐统一。这一现代建筑杰作的设计由委内瑞拉"现代主义建筑之父"卡洛斯·劳尔·比利亚努埃瓦操刀完成。他将当地的热带气候纳入考量:有荫蔽的道路穿过多样化的建筑群通往通风的大厅,大厅朝向同样有荫蔽的广场;艺术品重在突出建筑整体的核心。大学城中最壮观的建筑有体育馆和马格纳礼堂。在设计体育馆时,比利亚努埃瓦为钢筋混凝土建筑提供了新的可能性;而在设计马格纳礼堂时则将建筑与雕塑巧妙结合——天花板和墙壁上固定的"云"让建筑整体更加生动。

卡奈依马国家公园

大萨巴纳地区的自然景观包括壮观的平坦山和世界上最高的瀑布——安赫尔瀑布,是多种不同类型植物的栖息地。

"卡奈依马"在卡玛洛克托印第安人的语言中是集所有邪恶于一身的黑暗之神的名字。卡奈依马国家公园占地300万公顷,是委内瑞拉第二大国家公园,公园内自然风光异常美丽,摄人心魄。公园位于委内瑞拉东南部,与圭亚那和巴西接壤,横跨大萨巴纳地区的壮丽景观。茂密的植被中镶嵌着壮观的瀑布,如安赫尔瀑布、库克南瀑布和卡奈依马潟湖的阶梯状瀑布。这里生长着3000—5000种显花植物与蕨类植物,其中许多种类都是当地特有的。除热带稀树草原之外,这里的山林也格外浓密。平坦山上形成了带有食肉植物的特殊先锋植被,以及众多的兰花品种。除此之外,国家公园内还生活着大约550种鸟类——其中包括蜂鸟和鹦鹉,以及许多哺乳动物。

▲ 安赫尔瀑布。

▲ 在卡奈依马村庄附近,卡劳河流经多个阶梯状瀑布后坠入潟湖。

204　一生必去的世界遗产：走进美洲

奥扬特普伊山是委内瑞拉东部桌山的名字，关于这座山流传着许多传说。这里的高原拥有一套独特的动植物谱系。其气候和土壤条件与下方1500米的热带稀树草原有着根本区别。因此，这里的许多生物种类为当地特有，只在高原上出现。

苏里南
帕拉马里博内城

帕拉马里博内城历史中心的建筑物向世界展示了荷兰建筑风格与当地传统建筑方法和建筑材料的逐步融合，是南美大陆上绝无仅有的建筑群。

15世纪末，欧洲人发现了圭亚那海岸——奥里诺科河与亚马孙河之间的广阔地带。这里蕴藏着丰富的自然原材料，如橡胶、木材等。在16—17世纪的殖民化过程中，荷兰人在苏里南河的西岸建立了贸易基地，这个贸易基地便是帕拉马里博，它也因此在1975年苏里南共和国独立后成为苏里南的首都。许多在这里定居的大地主都在种植园里种了甘蔗或烟草。尽管在1821年的大火中，城市遭到部分摧毁，但帕拉马里博内城如今仍以各种历史建筑综合体的面貌呈现在世人面前。以圣彼得与圣保罗大教堂为例，内城中诸多建筑都沿用了当地传统的木结构建筑方式，源于19世纪的荷兰风格建筑则是例外——这个时期的建筑是砖砌的，总统府便归为此类。犹太教堂、清真寺和印度教庙宇为苏里南诸多族群的存在提供了证据。

▲ 荷兰殖民统治时期的木结构建筑至今仍是帕拉马里博内城的亮点。

苏里南中部自然保护区

巨大的苏里南中部自然保护区对圭亚那地盾北坡上的原始热带森林起着重要的保护作用。该区域是多种动植物的栖息地，许多种类为当地特有。

1998年，苏里南中部自然保护区的建立将3个自然保护区——罗利瓦乐自然保护区、桌山自然保护区和艾勒茨·德汉山自然保护区——合并为一个大型保护区，整个保护区面积约为1.6万平方千米，约为苏里南面积的1/10。该自然保护区如今仍保持着原始的状态，没有受到人类的影响。保护区中地形多样，除了热带雨林，还有沼泽林和热带稀树草原；同时，这里景观类型非常丰富，甚至包括耸立于周围雨林之上的岛山。保护区动植物的物种多样性令人印象深刻：迄今为止，人们已经发现近6000种植物物种；记录了近700种鸟类、近2000种哺乳动物、约150种爬行动物、100种两栖动物和500种鱼类。

▲▼ 保护区中生存着多种热带动物，如体型较大的巨人叶蛙（上图）和伪珊瑚蛇（下图）。

🇧🇷 巴西

亚马孙河中心综合保护区

该保护区为亚马孙流域雨林的最大保护区，包括雅乌国家公园、马米拉瓦和阿马纳自然保护区以及阿纳维利亚纳斯生态站。

广阔的雨林公园位于马瑙斯西北方约 200 千米处，其核心区域为占地 230 万公顷的雅乌国家公园，将雅乌河流域直至其与里奥内格罗的交汇处囊括其中。保护区在 2000 年成为世界自然遗产，2003 年经过拓展后成为亚马孙河中心综合保护区，面积超过 600 万公顷。雅乌河与里奥内格罗一起构成了黑水生态系统，溶解的腐植酸和有机悬浮物将里奥内格罗的水流染成深色。亚马孙河及其支流水位的变化导致森林周期性被淹没，久而久之形成了洪泛森林群落——伊加波洪泛森林。

马米拉瓦保护区则涵盖了广阔的白水泛滥区。保护区中生活着 120 种哺乳动物，其中包括少见的淡水豚，还有 450 多种鸟类和 300 种鱼类。

▲▼ 亚马孙河中心综合保护区是地球上物种最丰富的地区之一，亚马孙河豚（下图）就生活在其中。

▲ 圣路易斯老城中呈直角相交的街道和小巷与源于殖民时期的建筑立面交相辉映。

圣路易斯历史中心

圣路易斯位于巴西东北海岸,是巴西马拉尼昂州首府,圣路易斯历史中心是适应南美洲赤道地区气候条件的葡萄牙殖民城镇的典范。

早在1615年,葡萄牙人就接管了这座由法国人在数年前建立起来的城市,它位于圣马科斯湾的圣路易斯岛上。在老城呈棋盘分布的街道和小巷中,许多多层建筑物的立面上都铺有"阿兹勒赫",即一种彩色的手工瓷砖画。这些房屋常建有阳台,阳台上常配有锻铁的栏杆,看起来仿佛置身于葡萄牙。居民们亲切地称老城为"普莱亚格兰德",意为"大海滩"。诸如狮子宫和拉瓦尔迪埃宫等壮观的行政宫殿和政府宫殿,见证了昔日殖民统治者的权力和荣耀。如今,这些建筑大部分仍是当地的政府机关所在地,其余一些则成为博物馆。1726年,耶稣会士建造了宏伟的大教堂,它在1763年转归主教所有。建于1627年的圣衣会教堂和设有航海者小教堂的圣安东尼奥教堂(1624年)是城中最古老的教堂。

费尔南多·迪诺罗尼亚群岛和罗卡斯环礁保护区

费尔南多·迪诺罗尼亚群岛位于累西腓东北约 500 千米处，那里生活着多样的动物物种，包括海豚、鲨鱼、海龟和海鸟等。

费尔南多·迪诺罗尼亚群岛位于距巴西海岸 350 千米处，仅在赤道以南几度，除同名的主岛屿外，还包括 21 处小岛和礁石。该群岛是火山海底山脉的一部分凸出海面而形成的。这些岛屿与其以西 150 千米处的罗卡斯环礁保护区共同构成了一个独特的保护区，为众多陆地海洋动物提供了生存空间。岛屿之间营养丰富的水域是鲨鱼、海豚和金枪鱼的嬉戏空间，海岸上则栖息着无数的海鸟。罗卡斯环礁是玳瑁和巴西绿海龟的重要繁殖地之一。费尔南多·迪诺罗尼亚群岛上随处可见大西洋雨林（大西洋沿岸森林区）的植物，这种植被类型曾覆盖了巴西海岸的许多地区，如今却消失殆尽。

▲ 群岛景观中最具特色的是源自火山的岩石。

▲ 法国神仙鱼。

卡皮瓦拉山国家公园

在巴西东北部的卡皮瓦拉山国家公园可以找到一些人类在南美洲定居的最古老的印记。

1979 年建成的国家公园位于巴西东北部皮奥伊州的刚果山脉中。20 世纪 60 年代，人们在此处发现的人类定居踪迹，足以让人质疑如今关于南北美洲定居的流行理论。人们在该地区岩石悬崖上发现了疑似火场的残留物，根据碳-14 定年法可以确定其形成于 3 万多年以前。这一发现证明了人类向美洲迁移并非在 1.2 万年前才发生的；人类踏上美洲大陆的时间应据此提前。这引发了一场激烈的争论。

人们在该地区发现的石制工具可以追溯到 7000 至 1.2 万年前；而展现了人类早期在美洲的生活及其精神世界的岩画则大多形成于公元前 1 万年至公元前 4000 年之间。

▲ 这些岩画大多是红色的，主要描绘了人们舞蹈、狩猎以及举行祭仪的场景。

奥林达老城

位于大西洋东北海岸累西腓附近的奥林达是巴西最美丽的城市之一，城中有教堂、修道院、殖民时期的房屋以及许多被人们精心照料的花园。历史上奥林达的繁荣与甘蔗种植息息相关。

奥林达的老城区绵延于多个种植有棕榈树的山丘之上，地理位置优越。葡萄牙人曾用葡萄牙语"村庄的美景"来称赞"这个城市的绝佳位置"，并于 1535 年在海边建立了一个定居点。17 世纪初，荷兰人占领了巴西的东北部地区，奥林达也在其中。1654 年，荷兰殖民军在瓜拉拉皮斯战役中败北，葡萄牙人公开宣告再次将奥林达据为己有。17 世纪，被荷兰人摧毁的许多建筑物都得到了重建和扩建。因此，迄今为止得以保存的大部分重要建筑物都源自 17 世纪和 18 世纪。约 20 座巴洛克教堂和无数"帕索斯"（此地对小教堂的称呼），还有本笃会、方济各会和圣衣会的修道院（包括圣弗朗西

▲ 奥林达被誉为"巴西的巴洛克珍珠"，图为城中一条特色小巷。

斯科和圣本托修道院）都彰显了宗教中心奥林达的重要性。1537 年建成的奥林达主教座堂是东北部首个教区所在地，自 1676 年以来一直是奥林达和累西腓主教区的大教堂。

圣克里斯托旺的圣弗朗西斯科广场

圣弗朗西斯科广场建筑群及其周围房屋展现了巴西城市圣克里斯托旺在殖民时期各个阶段的建筑特征。

圣克里斯托旺位于巴西东海岸，是巴西最古老的聚居地之一，其历史可以追溯到1590年。在伊比利亚联盟时期，即西班牙国王费利佩二世兼任葡萄牙国王费利佩一世时，圣弗朗西斯科广场开放的矩形空间是殖民城市规划的典型范例。广场侧面及周围的建筑源于殖民时代的各建筑阶段，这些建筑包括圣弗朗西斯科教堂及附属修道院（1693年），还有同样源自17世纪的仁慈堂，它最初是一所由修女经营的医院。在18世纪落成的建筑中，圣母无原罪教堂以及胜利玛利亚教堂当属典范。

▲ 圣弗朗西斯科广场保存良好，方济各会十字架矗立在圣弗朗西斯科修道院前。

塞拉多保护区：沙帕达—多斯—维阿迪罗斯国家公园和埃马斯国家公园

位于巴西戈亚斯州的沙帕达—多斯—维阿迪罗斯国家公园和埃马斯国家公园是巴西中西部热带稀树草原地貌的代表，为塞拉多保护区的一部分。

塞拉多保护区面积近200万平方千米，是巴西第二大生态系统。尽管气候干燥、土地干旱，这里却是所有热带稀树草原中生物物种多样性最高的地方。从地理上看，塞拉多属于巴西高地，因而该地区大部分都是高原，中间穿插有峭壁和河谷。面积近2400平方千米的沙帕达—多斯—维阿迪罗斯国家公园位于塞拉多保护区海拔最高处。

这里生活着多种稀有动物，如野鹿、猴子和国王秃鹫等；共计有45种哺乳动物、300多种鸟类以及近1000种不同的蝴蝶种类。占地1300平方千米的埃马斯国家公园的名字源于园中巨大的走禽——鸸鹋（葡萄牙语中的"艾玛"）。空旷的草地上可以看到白蚁聚在一起形成的小土包，这里也是巨型食蚁兽的栖息地。

▲ 埃马斯国家公园典型草地景观中的"蚁山"令人印象深刻。

巴西利亚

巴西利亚是 20 世纪 50 年代在巴西中部广袤的稀树草原上按照最现代的城市规划理念建立的新首都，城中新颖别致的建筑蜚声世界。

1891 年，人们决定将首都迁往内陆，以便为内陆开发注入新的活力。1960 年，在仅经过不到 4 年的规划和建设后，新首都巴西利亚落成。巴西的两位首席建筑师兼顶级城市规划师奥斯卡·尼迈尔和卢西奥·科斯塔想要建造一座现代的、先进的、功能齐全的城市。巴西利亚的平面图呈飞鸟状，由一条抛物线状的主交通轴和一条横向延伸的纪念轴构成。许多出自奥斯卡·尼迈尔之手的建筑都是现代建筑的杰作，国会大厦可谓一个杰出的建筑群：国会行政部门 H 形状的双楼垂直相对，高耸于众议院会议厅碗状的屋顶结构和参议院拱形的屋顶结构之间。

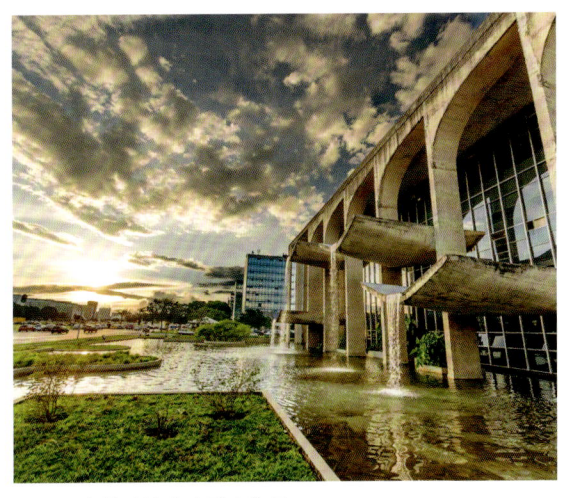

▲ 正义宫的建筑十分引人注目。

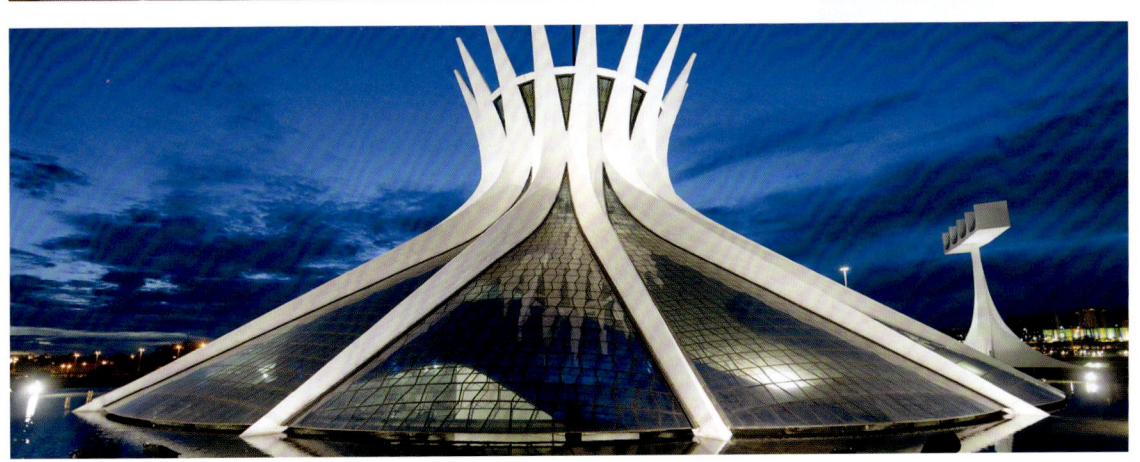

▼ 建筑师奥斯卡·尼迈尔设计的国会大厦和巴西利亚大教堂。

▲ 除了佩洛尼奥区的殖民建筑，这里还有非裔玫瑰圣母教堂。

巴伊亚州的萨尔瓦多历史中心

宏伟的教堂和源于文艺复兴时期的立面见证了这座前巴西首都辉煌的历史。

　　1501 年，意大利航海家阿美利哥·维斯普西在巴伊亚州的萨尔瓦多登陆。大约 50 年后，人们在这里建立了城市。萨尔瓦多是巴西的第一个首都。为了经营甘蔗和烟草种植园，人们将黑奴从非洲西海岸贩卖到巴西工作。1558 年，新世界最早的奴隶市场之一在萨尔瓦多开市。萨尔瓦多由一座下城和位于其上方 80 米处的上城构成，它们之间由狭窄的小巷和陡峭的台阶连接，时至今日依旧如此。萨尔瓦多的上城是巴西建有文艺复兴式建筑的最大的封闭社区。166 座教堂见证了萨尔瓦多昔日的辉煌。大教堂、圣弗朗西斯科教堂和圣衣会修道院教堂都是城中重要的建筑。这座城市 2/3 以上的居民都是黑奴的后代，因而成为欧洲和非洲宗教的大熔炉。

▶ 圣弗朗西斯科教堂的内景。

南美洲 215

戈亚斯城历史中心

戈亚斯城是葡萄牙在南美洲殖民地的典型范例。

这座采矿城市位于巴西利亚以西约 300 千米处，城中建筑发展出了自己独有的风格，因地制宜，完美地与当地的气候、地理和文化融为一体。在葡萄牙殖民者凭借其船坚炮利占领了巴西的沿海地带并在此定居后，他们首先入侵的地区是巴西中部。淘金者和所谓的掌旗手（"冒险家"）自 17 世纪起涌进如今的戈亚斯州地区。淘金热于 18 世纪达到顶峰。戈亚斯城便是在这一时期和 19 世纪形成的。这座坐落于韦尔梅柳河畔的美丽城市直到 1937 年都是同名联邦州的首府。古城中，公共建筑和私人建筑构成和谐的建筑群。值得一提的建筑除圣母大教堂和其他约 30 座教堂外，还有总督宫、市政厅及监狱、铸造厂、剧院和军营。

▲ 葡萄牙人发展出自己的建筑风格，以当地原料——尤其是木头——为主要建筑材料。

大西洋沿岸热带雨林保护区

"发现海岸"（葡萄牙人最早发现巴西的地方）沿岸的大西洋热带雨林是同类中最大的、保存最完好的生态系统——大西洋沿岸热带雨林保护区的一部分。这里是许多稀有的当地特有植物的栖息地。

巴西的大西洋沿岸热带雨林保护区沿着大西洋海岸，从巴伊亚州一直向南延伸到南里奥格兰德州。保护区内繁盛的植被主要由 20—30 米高的树木构成，上面附生着众多的兰科和凤梨科植物。由于缺乏阳光，地面上只生长着稀疏的灌木丛。这些雨林的物种多样性以及演变历史具有极高的科学研究价值。在巴伊亚州的研究显示，当地每公顷土地有 458 种不同树种。雨林的北部包括 8 个"发现海岸"的保护区，分别是乌纳和索塔摩两个生物保护区，保罗巴西、韦拉克鲁斯站和利尼亚里斯 3 个私有自然遗产保护区，以及保罗巴西国家公园、蒙蒂帕斯科阿尔（及其 536 米高的同名山峰）国家公园和发现国家公园。

◀ 茂密的热带雨林有着世界上最多的巴西树种，也为美洲豹等濒危动物提供了庇护。

迪亚曼蒂纳城历史中心

在殖民时期，位于米纳斯吉拉斯州贝洛奥里藏特以北200千米处的小城迪亚曼蒂纳通过开采黄金和钻石致富，成为重要的艺术和贸易中心。

"迪亚曼蒂纳"这个名字代表了悠久的历史：当人们于1731年在这里发现首批钻石后，这个起初被称为"阿拉里亚·蒂茹科"的聚居区发展成为该地区最重要的钻石中心。同其他矿城不同，迪亚曼蒂纳在1771—1845年由王室直接管理。随着人们在南非发现高质量钻石，迪亚曼蒂纳的采矿业在20世纪初彻底崩溃。从城市规划和建筑风格的角度来看，这座坐落在陡峭岩石上的小城可谓完美地融入周围荒芜的岩石山地景观之中。在众多殖民建筑中，布尔加豪街道的住宅尤为引人注目。值得观赏的还有源自18世纪下半叶的圣衣会圣母教堂和圣弗朗西斯科德阿西斯教堂，以及1835年建成的老市场和带顶棚的蓝色行人桥帕萨迪克。

▲ 多彩的点缀为迪亚曼蒂纳增加了少许欢快而轻松的氛围，与其稍显简单的建筑立面形成了鲜明的反差。上图为圣安东尼奥大教堂。

孔戈尼亚斯的仁慈耶稣圣殿

巴西的雕刻家阿莱雅迪尼奥在孔戈尼亚斯的仁慈耶稣圣殿前及其小教堂中创作的宏伟雕塑，是拉丁美洲基督教艺术的巅峰之作。

仁慈耶稣圣殿位于米纳斯吉拉斯州的孔戈尼亚斯，距欧鲁普雷图城不远，由1座朝圣教堂和7座耶稣受难小教堂组成。每年9月，上万名朝圣者聚集此处。这座于1772年完工的教堂有着宏伟的洛可可风格内饰，其建筑亮点为1800年左右新添置于教堂下方小教堂内的一组人物多彩雕像。这些晚期巴洛克风格的殖民时代雕像作品由阿莱雅迪尼奥和他的学生共同完成，其主题为耶稣受难。另外12个真人大小的先知雕像，排列在通往教堂前的台阶旁。阿莱雅迪尼奥（意为"小瘸子"）虽然深受麻风病和维生素C缺乏病困扰多年，但是他的雕塑作品毋庸置疑位居伟大的欧洲雕塑经典之列。

▲ 12座先知人物像如同卫士一般，端坐在仁慈耶稣圣殿的入口上方。

潘塔奈尔保护区

潘塔奈尔是世界上最大的淡水湿地之一,其物种的多样性十分可观。

　　潘塔奈尔湿地全部位于巴西西南部,靠近玻利维亚和巴拉圭的边境。每年 11 月到次年 4 月是当地的夏季,这个时期的降水如急流一般,使得潘塔奈尔的水位上升,库亚巴河和巴拉圭河的巨型水系淹没了面积为哥斯达黎加 3 倍大的低地,形成一片带有浅水湖泊、沼泽和冲积平原的巨大水域。世界自然遗产包括 4 个保护区,总面积接近 2000 平方千米。每年的大洪水是自然的控制机制,控制地下水交换、淡水交换以及水的净化和供给。每年 4 月末到 10 月是干燥的冬季。此时河水已经退去,洪水输送的沉积物和营养物质形成茂盛肥沃的草地。这里栖息着 650 种鸟类、400 种鱼类和 80 种哺乳动物,其他热带地区几乎不可能有如此丰富的动物物种。

▲ 水豚。

▲ 水是潘塔奈尔的重要元素,广阔的淡水湖泊和河流是动植物的天堂。

▼ 曾经的潘塔奈尔保护区是一片宁静安详的湖泊景观，凤眼蓝漂摇于水面之上，四面八方阒无人迹。而如今，人类的双手却在不断伸向保护区深处。周边的许多乙醇生产厂都将未经净化的污水直接排入河流，大片的黄豆种植园也把动物们的生存空间侵损殆尽。

▲ 从圣弗朗西斯科德阿西斯教堂俯瞰城市美景。

欧鲁普雷图古城

17 世纪末，丰富的金矿在欧鲁普雷图这座小城中掀起了淘金热潮。古城中的建筑常采用占据全部地块宽度的建造方式，多为巴洛克式和洛可可式，十分令人着迷。

　　欧鲁普雷图（意为"黑金"）曾因周围巨大的金矿而被称为维拉利卡（意为"富有的城市"），金矿因氧化铁污染而被染成黑色。欧鲁普雷图于 1712 年被授予城市权利，作为米纳斯吉拉斯州的首府，对国家的命运产生了重大影响。古城中留存有许多独特而珍贵的巴洛克教堂，它们是殖民洛可可风格的先驱，其中最为杰出的作品当属圣弗朗西斯科德阿西斯教堂。雕刻家阿莱雅迪尼奥设计建造了包括这座教堂在内的共计 13 座宏伟的教堂建筑。他本名为安东尼奥·弗朗西斯科·达科斯塔·利斯沃亚，为欧鲁普雷图打上了自己的建筑烙印。欧鲁普雷图古城因其桥梁、喷泉和简单原始的建筑而别具一格，城中几乎所有的巴洛克教堂都以其纷繁华丽、精心设计的内部装饰而令人难忘。

▶ 欧鲁普雷图是巴西全境最美、保存最完好的巴洛克古城。城市布局紧凑，石头小巷交错纵横，两层高的房舍白墙红瓦，煞是可爱。远眺小镇最好的去处是离城不远的伊塔科洛米山，其海拔为 1753 米。

南美洲 221

里约热内卢——山海之间的城市景观

里约热内卢是巴西第二大城市,也是巴西最大的海港,其人口约为1000万。它位于巴西国土东南部,镶嵌在北部和西部的山峰间,南临大西洋,向北伸入瓜纳巴拉湾西岸。

没有任何一座城市能像1565年葡萄牙人建成的里约热内卢这样深受自然条件的限制,却迎难而上、因地制宜。大西洋沿岸的海湾和沙滩以及宏伟的花岗岩石和山丘(葡萄牙语中的"Morros")划定了城市的界限,也将其分成不同的区域:沿着海洋向南可以到达著名的伊帕内马海滩和科帕卡瓦纳海滩;城市北部则包括历史老城和商业区。城市中的最高点蒂茹卡国家公园中有全世界最大的都市森林,蒂茹卡山高约1020米,是里约热内卢的最高点。除此之外,园中的著名景点还有源自1808年的古老的植物园和科尔科瓦杜山("基督山"),山顶上矗立着张开双臂守卫这座城市的基督雕像。

▼▶ 从立有著名基督像的科尔科瓦杜山(下图)可以俯瞰城市,远眺同样著名的"面包山"(右图)。

南美洲 223

大西洋东南热带雨林保护区

位于巴西东南部保护区内的大西洋东南热带雨林保护区物种丰富，是南美洲进化史的见证者。

  巴西的大西洋热带雨林被视为濒危地区：现存的热带雨林面积仅为最初面积的 7%。保留至今的大部分雨林都位于巴西东南部的巴拉那州和圣保罗州。巴西东北部"发现海岸"的雨林也被收录进《世界遗产名录》。在这片极具魅力的自然景观中，除了生长着大西洋热带雨林，还分布有森林覆盖的山峰、湍急的河流、壮观的瀑布和平坦的沼泽地。在这个由 25 个保护区组成的近 5000 平方千米的区域中，生长着许多稀有的当地特有植物。同亚马孙河流域相比，这里的植物生物多样性更加丰富。动物区系也不遑多让：仅哺乳动物就有近 120 种。鸟类也极具代表性，约有 350 种。

▼ 热带雨林形成了茂密的叶丛，绒毛蛛猴生存于其间。

伊瓜苏国家公园

伊瓜苏瀑布位于巴西、阿根廷和巴拉圭三国交界处，是世界上最大的瀑布之一。

　　该保护区由两个国家的两个国家公园构成——阿根廷伊瓜苏国家公园和巴西伊瓜苏国家公园先后于1984年和1986年被收录进《世界遗产名录》。"未见其形，先闻其声"，在看见伊瓜苏瀑布之前，就已经能听见它的声音：先是轻微的汩汩声，然后迅速增强为震耳欲聋的轰隆声。伊瓜苏河（在阿根廷被称为伊瓜族河）宽近1000米，汹涌地奔流向马蹄状的悬崖。大量水流越过宽达2700米的山崖，如脱缰一般冲向峡谷，激起无数水花和泡沫，不失为顶级的自然奇观。这里有超过270处大大小小的瀑布。位于巴西一侧的国家公园占地1700平方千米，为许多濒危动植物提供了生存空间：鹦鹉和鸫鸟在森林的庇护下飞翔；楼燕在瀑布之间崎岖的岩石中筑巢；美洲豹猫和美洲豹生活在雨林中，与貘以及西猯科动物为邻；稀有的巨型水獭则分布在园区的各水域中，以鱼为食。

▼ 在特定的天气条件下，瀑布上方的水雾中会映射出瑰丽的彩虹。

这张伊瓜苏瀑布的照片有力地证明了水与生命的联系有多么紧密：瀑布周围长满茂盛的植被，为许多当地特有的动植物提供了生存的家园。

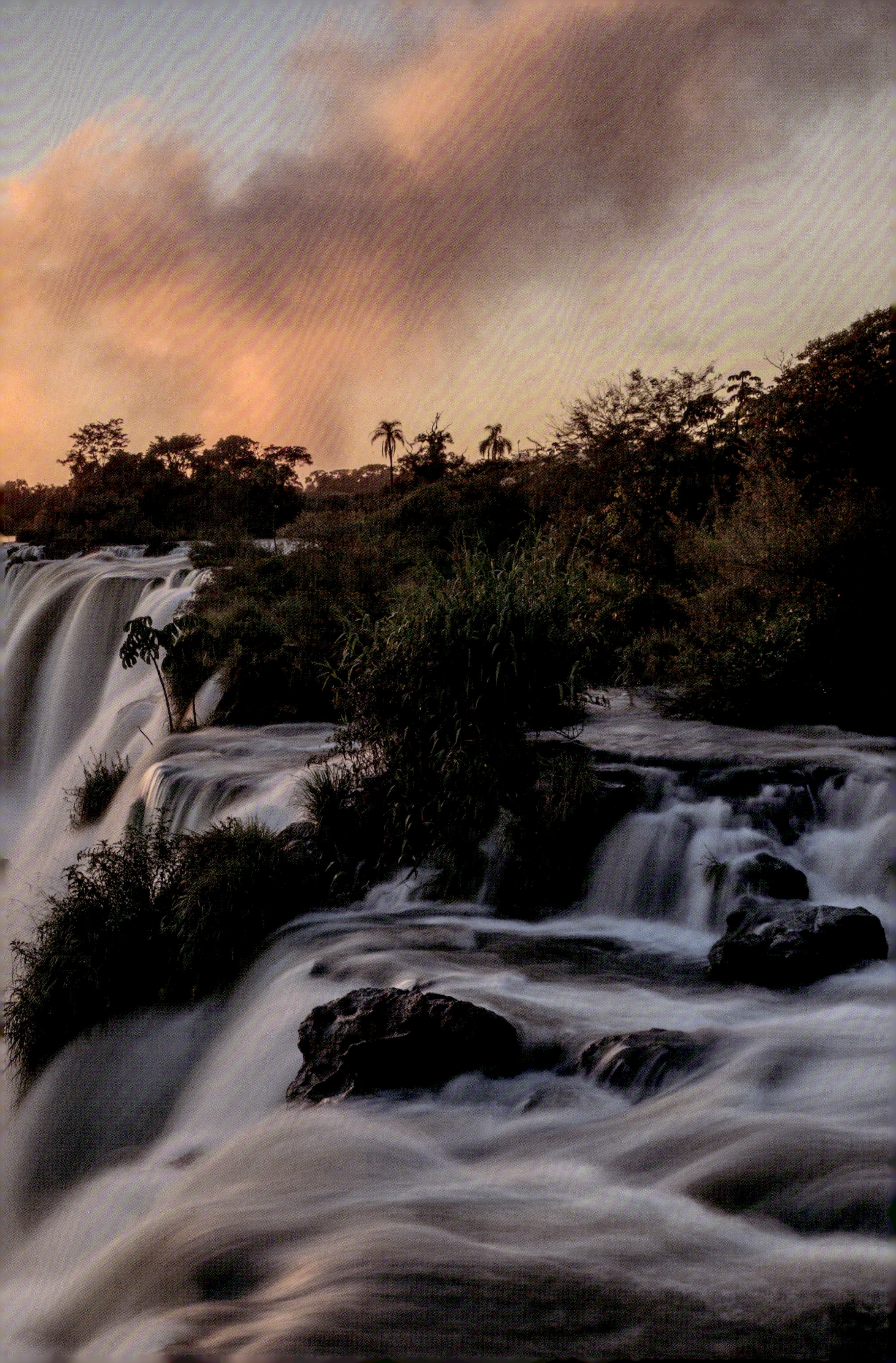

瓜拉尼人的耶稣会传教区

耶稣会士建立的模范聚居地遗址是一场社会实验的主要见证，这场实验在18世纪时随着耶稣会士被驱逐出南美洲戛然而止。

这项世界遗产由巴西和巴拉圭共有。17世纪初，耶稣会士在如今的巴拉那州（位于巴西境内）和米西奥内斯省（位于阿根廷境内）以及后来的巴拉圭建立了所谓的"还原区"——传教村庄，供瓜拉尼印第安人居住。牧师和印第安人在这里生活和工作，一起耕种田地。基于其高效的经济模式，这些村庄社区在很大程度上实现了自治。然而这些社会机构的目标一直是对瓜拉尼印第安人进行传教和宗教改造。每个聚居点都由教堂、牧师住宅、学校、医院、住宅和储藏室组成。这些"还原聚居点"严格按照神权政治和家长制原则进行组织。因此在1767—1768年耶稣会士被驱逐出南美洲后，这些村庄迅速衰落。巴西的圣米格尔杜斯·米索纳斯村以及阿根廷的圣安娜村、罗雷托圣母村和圣母玛利亚艾尔马约尔村如今均仅以遗址的形式留存。只有圣伊格纳西奥米尼村得到修复。

▲ 巴西圣米格尔杜斯·米索纳斯村中壮观却衰败的教堂，如今是世界遗产的一部分。

巴拉圭
巴拉那的桑蒂西莫—特立尼达和塔瓦兰格耶稣会传教区

巴拉那的桑蒂西莫—特立尼达和塔瓦兰格耶稣会传教区遗址及其巴洛克风格的教堂建筑见证了巴拉圭印第安原住民基督教化的历程。

17世纪初，耶稣会士开始在如今的巴西和阿根廷建造传教村，这些传教村为印第安人提供了避难所，以防他们被抓为奴隶变卖，同时也保护他们免受剥削和侵害。后来许多的"还原区"都迁移到巴拉圭南部。西班牙国王在这里给耶稣会士指派了固定的领地，由此更多的传教区得以兴建。耶稣会士传教区是相对统一的设防的小型聚居区，牧师和瓜拉尼印第安人在其中共同生活和工作，牧师还向瓜拉尼印第安人传授重要的手工和农业知识。有些聚居区特别小，比如特立尼达，城中建有被称作"瓜拉尼巴洛克"风格的坚固石制建筑。数量众多的传教村使得该地区获得"耶稣城"之称。在巴拉那的特立尼达和塔瓦兰格的耶稣传教区中，如今仍然可以看到昔日教堂、学院和墓地的遗址。

▲ 在巴拉那的特立尼达耶稣会传教区中，人们仍可以找到这些聚居区非常典型的风格元素的痕迹。

乌拉圭

弗莱本托斯文化工业景区

乌拉圭河边的工业景区是工业化肉类加工开始的象征。

冷库、工厂、仓库以及码头和工人定居点记录了肉类加工和成品出口的全过程。其起始点是工程师克里斯蒂安·吉贝特在1865年创立的"李比希肉制品公司"。公司得名于化学家尤斯图斯·冯·李比希，他在1847年发明了提取浓缩肉汁的工艺并参与了公司工作。李比希深信，他的浓缩肉汁不仅能够为人们——特别是贫困阶层——提供更加健康的营养摄入方式，更重要的是，这种肉汁可以进行工业化生产。吉贝特是他忠实的追随者。这家公司确实取得了重大成功：乌拉圭的养牛业规模巨大，肉类在当地不仅产量过剩，而且价格低廉。1924年，公司成为威力集团的资产，专门从事冻肉出口的经营工作。

▲ 19世纪70年代，弗莱本托斯每年向欧洲出口的李比希浓缩肉汁达5000吨。

萨克拉门托移民镇的历史区

萨克拉门托是一座建在拉普拉塔河小海岬上的城市。其城市图景中融合了葡萄牙、西班牙和后殖民时代的风格元素，是城市动荡历史的缩影。

萨克拉门托移民镇由葡萄牙人于1680年建立，是如今乌拉圭最古老的欧洲聚居区。因其地处拉普拉塔河湾，占据战略有利地形，西班牙人和葡萄牙人对其展开了持续不断的领地争夺，小镇屡遭围困和摧毁。直到1828年独立的乌拉圭共和国成立后，殖民势力的斗争才最终落下帷幕。萨克拉门托移民镇历史区中坐落着狭小的殖民时代房屋、锻铁的栅栏、安静的广场和大片绿地，每个角落都散发着殖民时代微型城市的魅力。与大部分西班牙和葡萄牙殖民城市不同的是，它的布局并非棋盘式的，而是因地制宜，呈犬牙交错状。部分堡垒得到了较好保存，如圣米格尔堡垒、圣佩德罗堡垒和圣丽塔堡垒等，这些石制建筑是殖民地军事历史的重要见证。

▲ 人们自1968年就开始对这座殖民时代的小镇进行维护和修建，因而其历史风貌保存完好。

阿根廷
乌马瓦卡山谷

这片位于阿根廷西北部的峡谷连接了安第斯山脉与低地。1万年以来,该峡谷一直是人类走出大山、进行货物运输和思想交流的重要通道。

格兰德河奔流穿过乌马瓦卡山谷,激烈地拍击着岩石峭壁。早在约公元前9000年,最早的狩猎者和采集者就在这里走出了一些小道,这些小道至今仍在使用。同一时期,岩洞中还出现了刻痕和壁画。在这里,人们一共发掘出12处源自公元前1000年到公元400年间的早期农耕文化的聚居地,另有20处发现地可追溯到400—900年,当时该峡谷首次作为贸易路线投入使用。在前哥伦布时代,人们建造了30座设防的城市(所谓的"古堡"),开始在梯田上进行耕种,并开发出了灌溉系统。

后来,乌马瓦卡山谷成为印加帝国从智利延伸到厄瓜多尔的道路系统的一部分。西班牙人于16世纪征服了这一地区并开始建造自己的村庄、城市和教堂。19—20世纪,这片河谷是人们为争取独立而斗争的惨烈战场。

▶ 峡谷在麦马拉附近变成广阔的河谷。

▼ 岩石中高浓度的矿物质造就了七色山的缤纷多彩。

南美洲 231

伊瓜苏国家公园

伊瓜苏瀑布地处巴西和阿根廷边界。在瀑布的阿根廷一侧也建立了一座国家公园，其茂密的热带雨林是众多动植物的家园。

伊瓜苏河宽达2700米，其水流在阿根廷与巴西的交界处被宏伟的玄武岩高原分割成270多处瀑布和阶梯状瀑布群，从高达80米处冲向深潭。在玄武岩高原的红色地面上生长着茂盛的亚热带雨林。除藤本植物和附生植物外，这片面积约为550平方千米的国家公园中还生长着2000多种维管植物。在雨林中闲逛的不仅有貘、食蚁兽、浣熊、美洲豹猫和水獭，甚至还有濒危的美洲豹。除此之外，一些灵长类动物也生活在雨林中，例如黑吼猴和黑角悬猴等。这里生活着400多种鸟类，大约250种蝴蝶以及许多两栖动物和爬行动物，其中包括濒临灭绝的宽吻凯门鳄。早在1934年，伊瓜苏瀑布周围的地区就被定为国家公园，同名村庄也为保护公园而特地迁至别处。

▼ 这些瀑布被当地人称为"魔鬼之喉"。河中的岛屿上植被丰茂。

伊沙瓜拉斯托—塔拉姆佩雅自然公园

伊沙瓜拉斯托—塔拉姆佩雅自然公园位于阿根廷西北部，是两座相邻的自然公园，园区内拥有地球上唯一一块记载了整个三叠纪地质年代大陆沉积物化石化完整过程的土地，其地质层充分展示了三叠纪时期脊椎动物和古环境的进化过程。

瓦莱德拉卢纳山谷位于科尔多瓦西北约400千米处，距离智利边境不远，是一片半沙漠化的区域。20世纪50年代起，人们开始在这里进行古生物学研究。伊沙瓜拉斯托省立公园与塔拉姆佩雅国家公园共同构成了面积约2750平方千米的自然公园。6000万年前，当安第斯山脉从地壳中升起时，环境条件发生了巨大的改变。侵蚀作用是塔拉姆佩雅天然的雕刻家：砖红色砂质土壤上的石块、柱子和薄方尖碑都是侵蚀作用的作品。不同的岩层和石化森林成为地质学家和古生物学者的一本开放的"自然之书"，他们可以从中了解三叠纪以来的演化

▲ 侵蚀作用在瓦莱德拉卢纳山谷创造了奇妙的岩石景观。

历史。除恐龙骨骼外，人们还挖掘出了其他55种脊椎动物和100多种植物的化石遗迹。除此之外，这里发掘出的许多前哥伦布时期的岩画也具有很高的文化历史意义。

科尔多瓦及其周边的耶稣会遗迹

科尔多瓦的街区及城市周边的多个牧场都是耶稣会士在南美洲活动的主要见证。

据记载，耶稣会士于1599年起在阿根廷西北部的科尔多瓦建造的建筑群后来成为他们在南美洲传教工作的中心地。建筑群的中心是孔帕尼亚耶稣大教堂。随着马克西莫学校的建立，科尔多瓦于1613年进入发展的黄金时期，如今这里是一所大学。多个牧场，即城外郊区的居民点，可以保障耶稣会士在经济上的自给自足，"教化"在田地和作坊里工作的当地民众并让其融入基督教社区。印第安人在这里享受一定程度的经济独立。这些牧场是巴拉圭耶稣城"还原区"的一部分。建于1622年的圣卡塔利娜牧场是规模最大的牧场。更早的牧场如卡洛亚牧场早在1618年就已经成形。其他收录进《世界遗产名录》的牧场还包括耶稣玛利亚牧场、

▲ 孔帕尼亚耶稣大教堂内部装饰以真金制成，令人印象深刻。

上格拉西亚牧场和拉坎德拉里亚牧场。在1767—1768年耶稣会士被驱逐出南美洲之后，这些牧场也先后完成了私有化的转变。

瓦尔德斯半岛

这片位于阿根廷大西洋中部的半岛面积达3600平方千米，全部被列为世界自然遗产。该保护区为海洋哺乳动物提供了"避难所"。

阿梅吉诺地峡长约30千米、宽仅5—10千米，是陆地与阿根廷最大的半岛——瓦尔德斯半岛的纽带。瓦尔德斯半岛与周围的沿海水域一起构成了多种海洋哺乳动物的栖息地，这些动物每年都在这里繁衍后代。南露脊鲸长度超过14米、重量超过35吨，过去曾遭受极端猎杀，数量一直在减少。它们在这里找到了安全的栖息地，会在早春来到半岛周围并停留到12月。半岛北角的一个保护区中有着巨大的象鼻海豹族群，它们在海豹家族中算得上是体型最大的。在蓬塔德尔加达角活动的海狮族群处于保护之中。海豹的天敌——虎鲸也生活在这里。此外，瓦尔德斯半岛上还生存着麦哲伦企鹅以及180种鸟类，其中包括许多海鸟。

▲▼ 瓦尔德斯半岛的海滩上人迹罕至，生活着当地特有的海豹族群（下图）和麦哲伦企鹅（上图）。

▲ 平图拉斯河边洞穴中的大部分岩画都由彩色的手印构成。

平图拉斯河的手洞岩画

"洛斯马诺斯"意为"手"。手洞岩画也被音译为洛斯马诺斯岩画。洛斯马诺斯史前岩画分布于平图拉斯河一系列峡谷山洞之中。它们是南美洲最早的人类社会文化发展的见证者。

"手洞"深24米、高10米，位于阿根廷南部平图拉斯河峡谷的半山处。洞穴名称源于洞中壮观的壁画中占主体地位的同样形状的手印。狩猎主题的壁画尤其具有启发性，其中不乏人们包围动物、设置陷阱以及用石头猎杀动物的场景。有些狩猎者是单独行动，其他的则成群结队。绘画中使用了天然矿物颜料，例如氧化铁、高岭土和氧化锰等。根据推测，该世界遗产可能形成于公元前12世纪之后的3个不同阶段，因保护完好，至今依旧保留着鲜艳的色彩，其作者很有可能是巴塔哥尼亚偏远地区的狩猎者和采集者——17世纪欧洲殖民者到来之前，他们都长期定居于此。

阿根廷冰川国家公园

这座约4500平方千米的国家公园位于巴塔哥尼亚安第斯山脉的中心,与智利接壤。园中壮观的岩石和寒冷的冰川与湖泊构成了非凡的自然风光。

巴塔哥尼亚冰原由47个大型冰川构成,面积约1.5万平方千米,是除北极和南极以外最大的连续冰原。阿根廷冰川国家公园里的13个冰川属于巴塔哥尼亚冰原;此外,园中还有200多个不直接与冰原相连的小型冰川。其中最著名的是30千米长、5千米宽的佩里托莫雷诺冰川。作为世界上少数如今仍保持稳定的冰川之一,它缓慢地将冰舌向半岛推进,每三四年就会夹断阿根廷湖的一个支流,使其水平面上升到30米之高。当冰墙支撑不住巨大的压力时,就会出现壮观的"冰崩"奇观:堆积的水团引爆冰川的前沿部分并泻入阿根廷湖。公园中的原始冰川还包括乌普萨拉冰川和斯佩加齐尼冰川。公园自然景观的巅峰是托雷峰与菲茨罗伊山高达3000多米的花岗岩山峰。这些高峰位于国家公园北部,距离别德马湖不远,极难攀登。园中的动物以100多种鸟类为主,其中包括达尔文鹅鹩与神鹫。

▲ 冰川、岩石与清澈的冰湖纵横交错,磊落奇伟,令人叹为观止。

▲ 在登山者的眼中，托雷峰是世界上最难攀登的山峰之一，同时也是世界上最美丽的山峰之一。

图书在版编目（CIP）数据

一生必去的世界遗产．走进美洲 / 德国坤特出版社编；林琳，何凤仪，王和译．-- 北京：金城出版社有限公司，2024.10
ISBN 978-7-5155-2552-5

Ⅰ．①一… Ⅱ．①德… ②林… ③何… ④王… Ⅲ．①自然遗产－美洲－摄影集②文化遗产－美洲－摄影集 Ⅳ．①S759.991-64②K103-64

中国国家版本馆CIP数据核字(2024)第013312号

Copyright @2018 Kunth Verlag GmbH & Co.KG, Munich, Germany
All rights reserved. No part of this book may be reproduced or transmitted in any form or by any means, electronic or mechanical, including recording, or by any information storage and retrieval system now or hereafter invented, without permission in writing of Kunth Verlag
The simplified Chinese translation rights arranged through Rightol Media (本书中文简体版权经由锐拓传媒取得Email: copyright@rightol.com)

Simplified Chinese Edition Copyright: 2024 Gold Wall Press Co.,Ltd. ALL RIGHTS RESERVED.

一生必去的世界遗产：走进美洲
YISHENG BI QU DE SHIJIE YICHAN:ZOUJIN MEIZHOU

作　　者	[德] 坤特出版社
译　　者	林　琳　何凤仪　王　和
策划编辑	方宇荣
责任编辑	岳　伟
文字编辑	谷　溪
责任校对	朱美玉
责任印制	李仕杰
开　　本	787毫米×1092毫米　1/16
印　　张	16
字　　数	438千字
版　　次	2024年10月第1版
印　　次	2024年10月第1次印刷
印　　刷	鑫艺佳利（天津）印刷有限公司
书　　号	ISBN 978-7-5155-2552-5
定　　价	88.00元

出版发行　金城出版社有限公司 北京市朝阳区利泽东二路3号 邮编：100102
发 行 部　(010) 84254364
编 辑 部　(010) 64214534
总 编 室　(010) 64228516
网　　址　http://www.jccb.com.cn
电子邮箱　jinchengchuban@163.com
法律顾问　北京植德律师事务所　18911105819